## ESSAY



## KRITIK



## MARGINALIEN

*Emmanuel Carrère*, geb. 1957, Schriftsteller und Filmregisseur. Auf Deutsch erschien 2023 *V13 – Die Terroranschläge von Paris*, auf Französisch ist gerade *Kolkhoze* erschienen. – Der Beitrag wurde in *Le Nouvel Obs* vom 24. Juli 2025 veröffentlicht.

Katja Kullmann, geb. 1970, Schriftstellerin und Journalistin. 2022 erschien *Die singuläre Frau*, 2025 der Roman *Stars*.
www.katjakullmann.de/

*Robert Knight*, geb. 1952, pensionierter Historiker. 2020 erschien *Politik der Assimilation: Österreich und die Kärntner Slowenen nach der NS-Herrschaft*.

*Jan-Werner Müller*, geb. 1970, lehrt Politische Theorie in Princeton. 2019 erschien *Furcht und Freiheit. Für einen anderen Liberalismus*, 2021 *Freiheit, Gleichheit, Ungewissheit: Wie schafft man Demokratie?*

*Bernhard J. Dotzler*, geb. 1963, Professor für Medienwissenschaft an der Universität Regensburg. 1991 erschien *Der Hochstapler. Thomas Mann und die Simulakren der Literatur*; 2020 *Zurück zu Foucault*.
bernhard.dotzler@ur.de

*Mounir Zahran*, geb. 1994, Wissenschaftlicher Mitarbeiter am Otto-Suhr-Institut für Politikwissenschaft der Freien Universität Berlin.
m.zahran@fu-berlin.de

*Patrick Hönig*, geb. 1966, Rechtsanwalt, wissenschaftlich tätig auf den Gebieten der Konfliktforschung und der Menschenrechte. 2025 erschien *Wenn die Gewalt nicht endet. Erzwungene Migration in der Demokratischen Republik Kongo*.
patrick.hoenig@wiku-hamburg

*David Wagner*, geb. 1971, Schriftsteller. 2024 erschien der Roman *Verkin*.

*Anke Stelling*, geb. 1971, Schriftstellerin. 2018 erschien der Roman *Schäfchen im Trockenen*, 2020 die Erzählungen *Grundlagenforschung*.
https://www.ankestelling.de

# ZU DIESEM HEFT

*In diesem Heft ist ungewöhnlich viel Ich, aber der Blick geht dabei weit hinaus in die Welt.* Emmanuel Carrère ist auf Einladung des Präsidenten mit Emmanuel Macron unterwegs, über Grönland nach Kanada zum G-7-Gipfel, wo dann auch Friedrich Merz und natürlich Donald Trump ihre Auftritte haben. Katja Kullmann ist mit einem Stipendium aus Hessen nach Litauen gefahren, einen vagen Plan für einen Roman im Kopf, aus dem aber angesichts der Konfrontation mit der Realität nichts werden kann. Statt des Romans liefert sie diesen Bericht. Der britische Historiker Robert Knight nimmt die Zuerkennung der österreichischen Staatsbürgerschaft zum Anlass, die Geschichte seiner jüdischen Vorfahren zu erzählen – und über die Frage nachzudenken, ob sich Traumata wirklich über die Generationen vererben. Von den kaum begreiflichen Schwierigkeiten seiner afrikanischen Frau, nach der Hochzeit in Dänemark ein Visum zur Einreise nach Deutschland zu erhalten, berichtet Patrick Hönig. Mounir Zahran, der vor dem Krieg in Syrien gelebt hat und nun in Deutschland Politikwissenschaftler ist, fährt nach Beirut, wo Syrer alles andere als beliebt sind und sich eine glanzvolle Vergangenheit und die krisenhafte Gegenwart unentwirrbar überlagern. Ganz anderer Schauplatz: David Wagner fährt mit einem gemieteten Opel Mokka durch den Nordwesten Deutschlands und berichtet von Alltäglichkeiten in den Nichtmetropolen Oldenburg, Cloppenburg und Delmenhorst. Aber selbst hier ist die geopolitische Gegenwart in Gestalt eines aus der Ukraine nach Berlin gekommenen turkmenischen Pärchens nur einen Anruf entfernt.

CD/EK

*Emmanuel Carrère*

## Das Rattenspiel

*Zu Füßen von Hans Egede*

**N**uuk, die Hauptstadt von Grönland, wirkt wie ein kleines Durcheinander aus orangenen Baukastenhäusern und grauen Wohnblöcken, die man auf einem Kieselstrand am Rand des Ozeans abgestellt hat. Kein einziger Baum, dafür ein Hügel, auf dessen Gipfel die Statue von Hans Egede steht – der dänische Missionar, der im 18. Jahrhundert die größte Insel der Welt christianisiert hat – und die deswegen kurz davorsteht, von kolonialismuskritischen Inuit gestürzt zu werden. Zu ihren Füßen warte ich auf die Rückkehr der Hubschrauber, die den grönländischen Premierminister Múte Egede (eine Verwandtschaftsbeziehung zu dem Missionar ist nicht sicher, aber wahrscheinlich), die dänische Premierministerin Mette Frederiksen (Grönland ist ein autonomes Territorium Dänemarks) und unseren Staatspräsidenten Emmanuel Macron (der als Président de la République die gesamte Reise über »PR« genannt wird) von ihrem Ausflug aufs Eis zurückbringen sollen. Ursprünglich hatte ich gehofft, selbst in einen dieser Hubschrauber steigen zu können, und schon geglaubt, das Spiel sei gewonnen, als er in dem Moment, da sich die Delegation in die Erwählten, die ihn in die Luft begleiten sollten, und die anderen teilte, mir vertraulich zuzwinkerte, wie er es oft und oft überraschend gegenüber Leuten tut, die ihm ins Sichtfeld kommen. Also gab ich klein bei: Es gibt zwar viel Platz in einem Flugzeug, aber wenig in einem Hubschrauber, und es handelte sich um ein PR+3-Event, das heißt der PR plus drei weitere Personen, und da bin ich nicht dabei. Als Schriftsteller, der in die französische Delegation beim G7 *embedded* ist – das heißt beim Gipfel der reichsten und theoretisch demokratischsten Länder, der dieses Jahr in Kanada stattfindet –, beginne ich, ab PR+6 oder +7 eine Chance zu haben, was schon nicht schlecht ist. Von meinem Beobachterposten aus sehe ich eine kleine Menge – die für Grönland groß ist – sich am Hafen um drei Redepulte scharen, an denen bald darauf die drei Staatschefs auftauchen.

Was ist der Kontext? In einer Sturzflut von Dekreten, Ankündigungen, verrückten Versprechungen und durchgedrehten Drohungen – die dem Ausdruck des MAGA-Ideologen Steve Bannon zufolge dazu dienen, »das Feld zu überfluten«, das heißt so zu agieren, dass kein Bürger auf Erden mehr weiß, an welchen psychischen Rettungsring er sich noch klammern soll – hat Donald Trump bei der Rede zu seiner Amtseinführung verlauten lassen, »die USA verstehen sich wieder als ein Land, das sein Territorium erweitern und seine Flagge zu neuen, großartigen Horizonten tragen wird.« (Gleichzeitig soll sich dieses Land aus jedem Engagement im Ausland zurückziehen.) Zu diesen neuen, großartigen Horizonten gehören in vorderster Reihe Kanada, das Trump zufolge prädestiniert ist, zum 51. Bundesstaat der USA zu werden, des Weiteren der Panamakanal und schließlich Grönland. Zu dessen Übernahme, so Trump, bedürfe es »wahrscheinlich keiner militärischen Gewalt«, »doch alle Optionen sind auf dem Tisch«. Kurz nach diesen Ankündigungen kam dem Vizepräsidenten J. D. Vance die Idee, seine zukünftigen grönländischen Kolonien zu inspizieren und in Begleitung seiner Frau Usha einem traditionellen Hundeschlittenrennen beizuwohnen, allerdings sagte man ihm ein so eiskaltes Willkommen voraus (etwas wie ein ganzes Volk, das einem geschlossen den Rücken zukehrt), dass er sich damit begnügte, die ebenso eiskalte Militärbasis zu besichtigen.

Unter diesen Umständen ist es von Seiten Macrons das, was politische Kommunikatoren eine »starke Geste« nennen, auf dem Weg zum G7 ein paar Stunden Zwischenstopp in Nuuk zu machen und zu zwei-, dreihundert Leuten zu sprechen, die gekommen sind, um seiner mal aufrüttelnden, mal verführerischen, gekonnt mit Pausen spielenden Stimme zu lauschen, die die Grönländer noch nicht die Zeit hatten sattzubekommen. In Frankreich ist der Hass auf Macron zu einem Volkssport geworden – den ich persönlich nicht mitspiele –, hier dagegen liebt man ihn. Zehn Tage zuvor wusste man zwar nicht mal unbedingt, wer er ist, aber heute wirkt Nuuk wie eine Hochburg von glühenden Macron-Verehrern. Seine Anwesenheit ist Balsam für die Seele, und der Enthusiasmus erreicht seinen Höhepunkt, als er nach einem schallenden *Qujonaq!* (»danke« auf Grönländisch) zuerst erklärt, Grönland stehe weder zum Verkauf noch zur Landnahme (ein so heftiger Applaus, als hätte er verkündet: »Ich bin ein Grönländer«), dann, Frankreich werde als Zeichen seiner unerschütterlichen Solidarität ein Konsulat in Nuuk eröffnen (etwas weniger Applaus), und schließlich, sein Hubschrauberausflug mit den beiden PMs habe ihm Gelegenheit gegeben, die Auswirkungen der Klimaerwärmung zu beobachten – denen Grönland, dessen Bewohner allesamt auf dem schmalen Küstenstreifen eines gigantischen, mit alarmierender Geschwindigkeit schmelzenden Gletschers wohnen, besonders ausgesetzt ist. In der Abfolge der kurzen Reden der drei Staatschefs ging es deshalb darum, wer am häufigsten das Wort »Klima« in den Mund nehmen würde – im Fall Macrons fünfmal, doch mir war zu diesem Zeitpunkt noch nicht klar, wie provokant diese auf den ersten Blick banalen Erklärungen waren. Nach den Reden fragte eine Journalistin unseren PR, wie weit unsere Solidarität denn gehen würde, wenn Trump Grönland überfiele, und er antwortete mit einem Hauch von Ungeduld, er wolle seine Zeit nicht damit verlieren, über Fragen zu spekulieren, die sich im Moment nicht stellten.

*Im Flugzeug*

Fast sieben Jahre zuvor, im September 2017, war ich schon einmal im selben Flugzeug mit dem PR gereist, um ein Porträt von ihm für den *Guardian* zu schreiben. Es war der Beginn seiner ersten Amtszeit, und alles schien ihm zu glücken. Wir flogen nach Saint-Martin, einem Überseeterritorium, das von einem Zyklon heimgesucht worden war, und dann nach Athen, wo er eine große Rede über die europäische Zivilisation hielt. Im Rückblick wirken diese Zeiten fast sorglos, wenn man bedenkt, dass unsere jetzige Reise sich vor dem Hintergrund des Ukrainekriegs, der systematischen Zerstörung von Gaza und der inzwischen unumkehrbaren ökologischen Katastrophe abspielt, wozu sich seit zwei Tagen noch die Schläge Israels gegen den Iran gesellen, die manche als Vorspiel zum Dritten Weltkrieg ansehen – und ich frage mich, ob wir uns in weiteren sieben Jahren nicht nach unseren aktuellen Kalamitäten zurücksehnen werden, so ausweglos wie exponentiell wachsend scheint das Chaos geworden zu sein.

In meinen Notizen von damals habe ich folgende Sätze von Macron gefunden und ihm vorgelegt: »Wenn wir uns nicht in einem tragischen Moment unserer Geschichte befänden, wäre ich nie gewählt worden. Für ruhige Zeiten bin ich nicht geschaffen. Mein Vorgänger (der fidele François Hollande) war es. Ich bin für Stürme gemacht.« »Nun denn«, kommentiert er das Zitat lächelnd, »jetzt ist es so weit.« Was die Innenpolitik betrifft, muss er allerdings zugeben, dass er den Sturm nicht gerade beruhigt hat, als er vor einem Jahr beschloss, die Nationalversammlung aufzulösen – ein in der Geschichte der Fünften Republik nie dagewesener politischer Elektroschock, den er sicher als Rosskur gegen seine Unbeliebtheit betrachtet hat, der das Land aber, wenn nicht völlig unregierbar, dann zumindest noch schwieriger als sonst zu regieren hinterlassen hat, viel schwieriger jedenfalls für ihn selbst. Da der PR der PR ist und wenig zur Selbstkritik neigt, bleibt er der Überzeugung, dass die Geschichte ihm Recht geben werde. Darüber hinaus hat er bei seiner letzten Neujahrsansprache eingeräumt, seine Entscheidung sei nicht richtig verstanden worden und für dieses Missverständnis sei *zum Teil* auch er verantwortlich – wer sonst noch, sagte er nicht.

Doch welche Schwierigkeiten auch immer es im Inneren gibt, die Außenpolitik bleibt traditionellerweise das Vorrecht des französischen Präsidenten, und man kann sagen, dass Macron auf nationaler Ebene zwar gegrillt werden mag, aber auf internationaler blüht er auf. »Good career move«, ließ angeblich Gore Vidal fallen, als er vom Tod Truman Capotes erfuhr. Genauso entpuppt sich die weltweite Unordnung für Macron als außergewöhnlicher Karrierebeschleuniger – und er weiß, dass es an der Spitze Europas einen

Platz zu besetzen gibt. So sieht zumindest er es, und tatsächlich scheint er in Höchstform zu sein. Ich hatte angenommen, dass sich mein zweites Porträt gewaltig vom ersten unterscheiden würde – der Fall des Römischen Reichs nach seinem Aufstieg –, zumal mir manche ihn als inzwischen düster, verquält und von allen verlassen beschrieben hatten, mit blutig zerkauten Nägeln in den Gängen des Präsidentenpalasts herumirrend, in dem über nichts mehr entschieden wird.

Doch ich habe nichts Shakespeareskes dieser Art beobachtet und fand ihn ziemlich unverändert, abgesehen von der Tatsache, dass er inzwischen ganz offensichtlich Gewichte stemmt und sich unter seinem schwarzen T-Shirt – sein Flugzeug-Outfit – recht beeindruckende Bizepse abzeichnen, die er nicht nur gern zeigt, sondern auch mit sichtbarer Zufriedenheit abtastet. Früher war er immer cool, schnell und zugänglich, hielt seine blauen Augen auf die des Gegenübers geheftet, hielt einem die Hand fest und ließ sie nur ungern wieder los, und ich bin gern bereit zu glauben, dass er *in echt* (ich bin immer wieder überrascht, ihn diesen jugendlichen Ausdruck benutzen zu hören: *en vrai*) arrogant ist, sich nur um sich selbst dreht und sich für niemanden interessiert, doch zumindest an der Oberfläche (was meiner Meinung nach nicht heißt: *in unecht*) ist er immer noch genauso aufmerksam und präsent für seinen Gesprächspartner, wer immer das ist, als hielte er diesen für etwas ganz Besonderes. Ich weiß, dass Politiker die Fähigkeit haben, einem das Gefühl zu geben, man sei die einzige Person, die ihnen etwas bedeute, sie seien nur deshalb in dieses Flugzeug gestiegen, um die Freude des Zusammenseins voll auszukosten, und sie kennten einen besser als man sich selbst, doch er treibt es mit dieser Eigenschaft sehr weit, und alle, die je mit ihm zu tun hatten, können eine Anekdote erzählen, die sie auf fast übernatürliche Weise veranschaulicht. Hier ist meine.

Das Präsidentenflugzeug ist in vier Sektionen geteilt. Vorn die Suite des PR, zu der nur er Zugang hat. Dann ein Salon, wo man auf seine Einladung hin etwa ein Dutzend Personen an einem großen ovalen Tisch zu einer Arbeitssitzung, einem Gläschen oder sogar einer leichten Mahlzeit unterbringen kann – obwohl er selbst nichts als Pekannüsse zu essen scheint. Dann kommt eine Businesskabine für den inneren Zirkel, PR+18, und schließlich der hintere Teil des Flugzeugs, in dem das Sicherheitspersonal, die Logistik und die Journalisten Platz finden. Ich selbst war in der PR+18-Kabine, und während der drei Reisetage wurde ich dreimal an den ovalen Tisch neben den PR eingeladen, der begeistert schien, über französische Filme der siebziger Jahre sprechen zu können. Nicht über die Nouvelle Vague, nicht über Godard, nicht über Truffaut, nein, über Komödien und Thriller von populären Filmemachern, die französisches Kulturgut sind und deren Filme seit Ewigkeiten immer wieder im Fernsehen laufen, wie Henri Verneuil, Georges Lautner oder Claude Lelouch: Nicht alle Lelouchs seien brillant, räumt er ein, aber was würde man nicht alles jemandem verzeihen, der einen Film wie *Die Entführer lassen grüßen* gedreht hat, eine sympathische Kultblödelei, deren Dialoge er mit derselben Selbstsicherheit zitiert wie die Verse von Patrice de la Tour du Pin oder Aragons *Die Französische Diana* – vielleicht sein aktueller Lesestoff? Irgendwann während dieser Lawine von kinematografischer Expertise kommen wir auf die Filmadaption von *Der Magier im Kreml* zu sprechen – dem Roman von Guiliano da Empoli über Putins graue Eminenz Wladislaw Surkow –, für die ich gerade mit dem und für den Filmemacher Olivier Assayas das Drehbuch geschrieben habe. Jude Law spielt darin Putin, und ich ziehe mein Handy heraus, um dem PR ein Foto von ihm in dieser Rolle zu zeigen. »Nicht schlecht«, sagt er und reicht mir das Telefon augenblicklich zurück, und ich habe einen Moment lang den Eindruck, es nerve ihn, dass Jude Law Putin spielt und nicht ihn, Macron. Aber warum ich das Drehbuch geschrieben habe, fragt er, und nicht Giuliano? (Er sagt »Giuliano«.) Ich antworte, dass der Autor eines Buchs nicht immer der Geeignetste sei, um es auch zu adaptieren, es fehle ihm an Distanz, ich selbst würde mich auch nicht an den Adaptionen meiner Bücher beteiligen. Er hebt eine Augenbraue: »Aber Sie haben doch zusammen mit Claude Miller *Schneetreiben* adaptiert?«

An dieser Stelle muss ich für einen Moment um Aufmerksamkeit bitten. Der Film *Schneetreiben*, der auf einem Roman von mir basiert, ist fast dreißig Jahre alt. Meiner Meinung nach ist es ein schöner Film, aber er war kein bisschen erfolgreich, weder bei der Kritik noch kommerziell. Wenn man zehn mir nahestehende Personen danach fragen würde, hätten ihn vielleicht ein oder zwei gesehen, und abgesehen von meinem Agenten, der den Vertrag gemacht hat, wäre nicht eine davon in der Lage, zu sagen, ob ich an dem Drehbuch beteiligt war oder nicht. »Kein Grund zum Staunen«, sagt er mir, als ich ihm das erzähle, »ich bekomme Dossiers angefertigt, das ist alles.« Nein. Oder aber, wenn das die Erklärung ist, ist sie noch unwahrscheinlicher als die Tatsache an sich. Denn vorausgesetzt, dass Macron sich die Zeit genommen hat, ein Dossier über mich zu lesen, dann muss dieses Dossier mindestens fünfzehn Seiten umfasst haben, um eine solche Information zu enthalten. Ich bin platt und frage ihn: »Aber woher wissen Sie dieses Detail?« Darauf er: »Ich schlafe wenig, aber gut, das lässt mir Zeit, um mir Filme anzuschauen.«

*Der Sherpa*

Das Wort, das man aus der Bergwelt des Himalaya kennt, wo es für die Hochgebirgsträger steht, hat sich auch auf internationalen Gipfeln durchgesetzt: Der Sherpa begleitet den Staatschef und bereitet ihm zudem das Terrain vor. Seit 2017 ist Emmanuel Bonne der Sherpa Macrons und Chef der diplomatischen Zelle des Elysée-Palasts – was ihn zu einer weniger öffentlichen, aber sehr viel wichtigeren Figur macht als die verschiedenen Außenminister, die von einem Kabinett zum anderen wechseln (das behaupte ich, er würde so etwas natürlich niemals behaupten). Bonne ist ein ausgebildeter Diplomat und eleganter Mittfünfziger mit einer schönen, tiefen Stimme, der, ohne den im Umfeld des PR üblichen direkten, freundschaftlichen Ton zu übernehmen, sagt, er handhabe seine Beziehung zu diesem nach der Devise der Jesuiten: »Perinde ac cadaver«, gehorche »wie eine Leiche«.

Während des zweiten Teils der Reise von Nuuk nach Calgary in den kanadischen Rockys bat ich ihn, mir zu erklären, was bei diesem Gipfel konkret auf dem Spiel stehe, und hier ist, was ich mir notiert habe: Als Valéry Giscard d'Estaing 1975 den G7 gründete, repräsentierten die Mitgliedsländer (USA, Frankreich, Großbritannien, Deutschland, Italien, Kanada, Japan) 75 Prozent des weltweiten Bruttoinlandsprodukts. Heute sind es 35 Prozent. Sie treffen auf gewaltige Konkurrenz und drohen, von Ländern abgehängt zu werden, die man früher Schwellenländer nannte und die inzwischen mehr als die Schwelle überschritten haben, allen voran die BRICS-Staaten. »Wir waren die Vorstandsvorsitzenden«, fasst Bonne zusammen, »jetzt sind wir nicht einmal Mehrheitsaktionäre«. Um nicht komplett von der Landkarte zu verschwinden, ist es deshalb überlebenswichtig, eine Lösung oder zumindest eine gemeinsame Position zu dem ein oder anderen großen Problem des Planeten zu finden: der Ukraine, dem Mittleren Osten, der Umwelt, Zollbestimmungen, egal was, aber zumindest irgendwas, es gibt genug Elefanten im Raum. Da das Ziel darin besteht, eine Erklärung zu verabschieden, die keinerlei verpflichtende Wirkung hat, sondern nur eine Absicht formuliert, eine Orientierung und geteilte Ziele, dürfte das eigentlich nicht so schwer werden, doch seit Trump II ist es schwer geworden, wobei das schreiendste Beispiel dieses Phänomens das Thema Klima ist.

Zu sagen, dass die Klimaerwärmung eine große Bedrohung ist und es eine absolute Priorität darstellt, alles dafür zu tun, sie einzudämmen, war bis jetzt ein so wenig polarisierender Zirkelschluss wie die Aussage, man sei gegen den Krieg, für den Frieden, für den Abbau von Ungleichheiten und so weiter. Einmal verkündet, tat man etwas oder tat nichts, aber es kostete nichts, es zumindest zu verkünden. Das ist vorbei. Der Weltherrscher findet, dass das

Klima kein Problem darstellt, also setzt man es auch nicht auf die Tagesordnung, nicht einmal als frommen Wunsch. Das Wort »Klima« an sich ist eine Art K-Wort geworden, ein absolutes Tabu, genauso wie das Wort »inklusiv« oder die in der Trump-Welt als Provokation verstandene Vorstellung, wissenschaftlich bewiesene Argumente könnten und müssten im politischen Diskurs eine Bedeutung haben. Der politische Diskurs ist ein Witz, und wissenschaftlich bewiesene Argumente sind es auch. Die Wissenschaft ist nicht objektiv, die Wissenschaft irrt sich, die Wissenschaft ist *woke*, zum Teufel mit der Wissenschaft.

Da die Kanadier, die in diesem Jahr den G7 ausrichten, sich bewusst sind, dass der Handlungsspielraum nicht groß ist, haben sie deshalb von vornherein beschlossen, dass es keine gemeinsame Erklärung geben wird, sondern nur eine Art neutrales Resümee, bei dem jedes Wort auf die Goldwaage gelegt wird und möglichst jeder Bedeutung entbehrt. Neben der grausamen Verpflichtung, jemanden als Ehrengast zu empfangen, der klipp und klar angekündigt hat, sie sich einverleiben zu wollen, sind sie auch noch von der Erinnerung an den vorigen G7-Gipfel bei ihnen vor sieben Jahren traumatisiert, der so schlecht verlaufen war wie nur möglich. Trump I hatte sich aufgeregt und war vor dem Ende abgereist, hatte die Unterzeichnung der Erklärung verweigert und seinem Gastgeber Justin Trudeau vorgeworfen, »schwach und verlogen« zu sein. Gelähmt von der Vorstellung, ein solcher Vorfall könne sich wiederholen, machen sich die Kanadier bereit zu kriechen, und generell ist es für die sechs Mitglieder des Clubs der Ex-Weltherrscher zu einem Ziel an sich geworden, einen Bruch mit dem siebten zu verhindern, den Schaden zu begrenzen und sich auf Themen zu beschränken, die nicht zu viel Wind machen – weshalb das Höchste der Gefühle darin besteht, auf die Liste der sechs Tagesordnungspunkte das Thema Waldbrände zu setzen, die sicher ein besorgniserregendes Problem darstellen, aber es überrascht doch, es auf der Ebene der Staatschefs behandelt zu sehen. Gleichzeitig muss man zeigen, dass man wer ist, und deshalb zugleich buckeln und sich aufblasen. Ich verstehe besser, warum der PR in Nuuk mit so viel Nachdruck auf dem Wort »Klima« herumgeritten ist.

Die Übung besteht darin, fasst Bonne bei einem improvisierten Snack am ovalen Tisch zusammen (Radieschen, kleine Lachs- und Gurkensandwichs, Pekannüsse nach Belieben), »sich bemerkbar zu machen, ohne den Eindruck zu vermitteln, man mache sich über Trump lustig«. Ein vernünftiger Hinweis, auf den Macron mit folgendem, im lässigsten Ton vorgetragenen Knaller reagiert: »Ich habe ihn gestern Morgen angerufen. Ich habe ihm gesagt, dass wir nach Grönland fliegen.« »Und?« »Er meinte: ›Super! Sehr gute Idee. Sag ihnen, ich will nur das Beste für sie.‹« Auch wenn das Englische zwischen Du und Sie nicht unterscheidet, hat Macron sich in seiner Beziehung zu Trump, oder besser gesagt in seinem Bericht über seine Beziehung zu Trump, für das Du entschieden und setzt seine ganze Weltläufigkeit dafür ein, sich als Chef Europas gegenüber Trump zu positionieren, als der, der Trump gut kennt, der über seinen Charakter fundierte und unerwartete Beobachtungen anstellen kann (»Er ist kein bisschen empfindlich«, sagt er, »von dem Moment an, da man Deals mit ihm macht, hat er überhaupt kein Ego«), kurz, derjenige, der weiß, wie man mit der Bestie umgehen muss. Was nicht falsch ist, wobei hinzukommt, dass er zwar noch jung (47), aber in Punkto Amtszeit der Dienstälteste der beim G7 versammelten Regierungschefs ist und überdies zu dem sehr exklusiven Kreis derjenigen zählt, die schon ihre zweite Amtszeit bestreiten – ein bisschen wie Filmemacher, die beim Festival von Cannes zweimal die Goldene Palme gewonnen haben.

In einem seiner leutseligen Momente, erzählt Bonne, habe Trump ihm einmal auf die Schulter geklopft und gesagt: »Du wirst sehen, wir beide machen noch eine dritte.« (Die französische Verfassung untersagt genauso wie die russische drei Legislaturperioden *hintereinander* für das Präsidentenamt, aber man kann eine dritte anstreben, wenn man zwischendurch einmal aussetzt: Genau das hat Putin getan, als er die Zügel für fünf Jahre an den streng überwachten Medwedew abgab, und Macron könnte theoretisch dasselbe tun und 2032 erneut kandidieren. In der amerikanischen Verfassung dagegen ist so etwas nicht vorgesehen, doch Trump hat bereits angekündigt, dass man der Welt ein Genie wie ihn wegen solcher Kleinigkeiten nicht vorenthalten werde: Das Ganze sei nicht in Stein gemeißelt, und patriotische Juristen brüteten schon darüber, eine Lösung zu finden.)

### *Die Ratte*

Als seine Stieftöchter noch klein waren, erfand der Science-Fiction-Autor Philip K. Dick eine Monopoly-Variante für sie, die die ewigen Hauskäufe, nach denen sie verrückt waren, ein bisschen spannender machen sollte. Die Bank heißt in dieser Variante »Die Ratte«, und statt sich auf die Rolle der neutralen Instanz zu beschränken, steht es in der Macht der Ratte, die Spielregeln nach Belieben zu verändern. Und zwar wann und wie sie will und ohne dass jemand sie nach dem Grund ihrer Beschlüsse fragen darf oder diese sie auf irgendetwas festlegen. Eine permanente Tabula rasa also, Diktatur in Reinform, eine Absage an die bloße Idee von Recht. Damit eine Partie möglichst spannend ausfällt, liegt es im Interesse der Spieler, den listigsten und einfallsreichsten von ihnen zur Ratte zu wählen. Eine ihres Namens würdige Ratte muss die Qualen, die sie den Spielern zufügt, gut dosieren können, sie muss sie im Glauben wiegen, hinter ihren willkürlichen Entscheidungen stecke ein Plan, und muss sie mit bitteren Enttäuschungen und falschen Ermutigungen von ihrer üblichen Art abbringen, Monopoly zu spielen, um sie, ohne dass ihr Interesse nachlässt, ins Chaos zu stürzen.

Als ich in meinem Zimmer des Lodge Canmore in Kananaskis aufwachte – einem von Bergwanderern geschätzten, winzigen Kaff in Alberta –, war es vier Uhr morgens, und ich war völlig gerädert vom Jetlag. Macron, der später schlafengegangen war als die ganze Delegation, weil er nach der Landung noch mit dem kanadischen Premierminister zu Abend gegessen hatte, war bereits dabei, am Fuß der Berge sein morgendliches Jogging zu treiben. Um acht Uhr morgens erreichten wir, das heißt die PR+6-und-mehr-Mitglieder der Delegation, nach dem Passieren mehrerer Checkpoints auf einer Bergstraße inmitten einer atemberaubenden Landschaft das riesige, sehr abgelegene Hotel – das an das Overlook aus *Shining* erinnert –, in dem der eigentliche Gipfel stattfinden sollte, und ich verstand, dass ich hierhergekommen war, um einer spektakulären Partie der Ratte beizuwohnen.

Wir sind etwa 1500 Personen – die (sehr viel zahlreicheren) Männer in dunklem Anzug und Krawatte, die Frauen in strengem Kostüm –, die pausenlos durch Flure, die mit einem ebenfalls vom Overlook Hotel importierten Teppichbelag ausgelegt sind, von einem Konferenzraum zum anderen eilen, und ein Fotograf, mit dem ich mich angefreundet habe, scherzt: »Stell dir vor, die Fahrstuhltüren gehen auf, und du siehst plötzlich *zwei* Trumps, Zwillinge«. Man läuft viel, man wartet auch viel, wobei das Spiel für die kleinen Fische wie mich darin besteht, die verschiedenen Sicherheitsbeamten zu umgehen und in Räume zu gelangen, die mir eigentlich verschlossen sind. Indem ich mich zu diesem Zweck an Emmanuel Bonne buchstäblich klammerte, verschaffte ich mir Zutritt zum großen Saal (PR+5), in dem die sechs normalen Staatschefs darauf warteten, dass der siebte von seinem Olymp steige.

Tatsächlich waren die sechs aber nur fünf: Auch der deutsche Kanzler Merz fehlte. Ohne ihn konnte man nicht anfangen, und noch weniger ohne Trump, also plauderte man, und die üblichen Freundlichkeiten verwandelten sich in einen immer zusammenhangloseren Smalltalk. Carney, der kanadische Premierminister, hatte die besorgte Miene des Gastgebers, der etwas zu eindringlich wiederholt, dass alles gut laufe, sehr gut sogar. Ohne sich übermäßig zu bemühen, Interesse vorzutäuschen, hörte Ishiba, der Japaner, Meloni zu, der Präsidentin des italienischen Ministerrats, die ihm von der Leidenschaft ihrer Tochter für Mangas erzählte – und ich fragte mich, ob sie dem australischen oder dem spanischen Ministerpräsidenten von der Leidenschaft ihrer Tochter fürs Surfen oder für Stierkampf erzählt hätte. Keine Ahnung. Ich weiß, dass Meloni als rechtsextrem gilt und man nichts Gutes über sie sagen soll, sagen wir also nur, dass diese kleine blonde Frau beim G7 durch eine gewisse muntere Derbheit herausstach und einen Dresscode, der keine Zugeständnisse an die allgemeine Farblosigkeit machte: Inmitten der strengen Damenkostüme wirkte ihr sehr leichter, hellblauer Hosenanzug fast wie Strandkleidung. Die Minuten vergingen immer langsamer, und man fragte sich, wo Merz wohl abgeblieben sein konnte. Hatte er plötzlich Panik bekommen? War er getürmt? Seine Verspätung betrug bereits eine gute halbe Stunde – was für eine Veranstaltung, die genau sechsunddreißig Stunden dauern sollte, viel ist.

Endlich trafen die beiden Abwesenden ein: Merz hochaufgeschossen und grau, mit einer Körpersprache, die nicht recht klarmachte, ob er ein Erwählter oder eine Geisel war; Trump ganz wie sein Image: in dunkelblauem Anzug, roter Krawatte, orangem Gesicht, stämmigem, plumpem Körper und praktisch nie lächelnd. Dass zwei Staatschefs vor der offiziellen Eröffnung des Gipfels ein Zweiergespräch führen, flüsterte Bonne mir ins Ohr, das ist absolut gegen die Etikette: eine offen zur Schau gestellte, mutwillige Rüpelei, die sicher nicht zu den Gepflogenheiten des armen Merz gehört, eines Christdemokraten alter Schule, der dünnen, einsturzgefährdeten Brandmauer gegen eine deutsche Rechtsextreme, die vom amerikanischen Vizepräsidenten Vance schon offiziell zum Ritter geschlagen wurde. Trump hatte sich seiner bedient, um die übliche Botschaft auszusenden: Ich mache, was ich will.

Ich erspare Ihnen die Höflichkeiten, Willkommensreden und den *photo call*, denn bald schon begann die erste Diskussion im Plenum, zu der nur die Sherpas zugelassen waren (PR+1), doch ich hatte Zutritt zu dem Raum, in den die Sitzung übertragen wurde und wo man alles sieht und hört, als säße man mit am Tisch. Gleich zu Beginn sagte Trump, dass dieses ganz Palaver ohne Putin keinen Sinn habe – der von dem Stümper Obama nach der Annexion der Krim 2014 vom Klub ausgeschlossen worden war –, und wiederholte es mit immer grimmigerer Miene jedes Mal, wenn man es wagte, ihm irgendetwas zu sagen. Macron tat gegen jeden Augenschein so, als habe das alles sehr gut begonnen, und plädierte lebhaft für ein Zoll- und Handelsabkommen, das für alle von Vorteil sei. Um ihm zur Seite zu springen, zog Meloni zwei Weltkarten aus ihrer Tasche, zeigte sie Trump und sagte: »Schau, Donald (ob sie ihn damit geduzt hat, bleibt offen, aber sie hat ihn Donald genannt), schau: All das hier in Blau, das sind wir vor zwanzig Jahren, als wir noch die Chefs waren. Und das hier in Rot ist der Handel heute, und das ist vor allem China. Also sollten wir, die Blauen, angesichts der Roten lieber eine Vereinbarung untereinander treffen, denn die Frage ist gerade nicht mehr so sehr, wen man hereinlässt, sondern wie man selbst nicht rausgekickt wird.« Als sie mit ihrer Tirade fertig war, nickte sie zu ihrer eigenen Bestätigung heftig, und da ich sie immer sympathischer fand, stellte ich mir die nächste peinliche Frage: Wenn ich nicht Franzose wäre und sie aus der Ferne betrachten würde, fände ich dann auch Marine Le Pen sympathisch? Eines kann man jedenfalls über Meloni sagen: Sie ist die Person, die am wenigsten mit einem Pokerface spielt. Wenn etwas sie amüsiert, dann prustet sie los, wenn etwas sie langweilt, dann hebt sie die Augen zum Himmel und seufzt lautstark.

Nach anderthalb Stunden war man also, wie vorgesehen, keinen Schritt weiter. Trump ließ sich herab, die Runde mit einem Geistesblitz zu erheitern, und sagte zu Starmer, dem Engländer: »Ihr nennt euch eine Demokratie, aber das ist gelogen: Ihr habt einen König.« Starmer lachte ein bisschen unterwürfig, erleichtert wie einer, auf den der Blitz nun einmal herniedergegangen war und der deshalb nicht noch einmal dran sein wird. Doch er irrte sich: Ein paar Stunden später, als er vor dem Hotel neben Trump herlief, ließ dieser aus einem Ordner ein paar Seiten herausfallen, die auf dem Boden verstreut blieben, und da Trump keine Anstalten machte, sie aufzuheben, war es Starmer, der sich nach kurzem Zögern hinunterbeugte und so buchstäblich vor dem Herrn kniete – ein verheerendes Bild, das natürlich um die Welt ging. Dann gab es in kleineren, unscheinbareren Räumen einige *bilats* – so nennt man die bilateralen Gespräche zwischen zwei Staatschefs. Ich war bei dem zwischen Macron und Starmer und dann zwischen Macron und Carney, dem Kanadier, dabei: Ich habe kaum eine Erinnerung daran.

Am Ende des Nachmittags hielt Macron im Freien eine kleine, improvisierte Pressekonferenz, in deren Verlauf man ihm die Frage stellte, ob er die Schläge Israels gegen den Iran und die Aussicht auf einen Regimewechsel in Teheran befürworte. Er antwortete, so verachtungswürdig das Regime auch sei, von außen aufgezwungene Revolutionen führten selten zu guten Ergebnissen, siehe Irak, siehe Libyen. Und was sei von der vorgezogenen Abreise von Präsident Trump zu halten?, fragte der Journalist weiter. Die meisten von uns, die diesem Gespräch beiwohnten, hatten von dieser vorgezogenen Abreise noch gar nichts gehört, und so ließ uns diese Nachricht einigermaßen perplex zurück. Macron wiederum schien sie für einen Moment aus dem Konzept zu bringen. »Ich denke«, sagte er, »er ist los, um einen Waffenstillstand zwischen Iran und Israel auszuhandeln.« Mit seiner Antwort wollte er wohl Trump vor allem höflich vom Vorwurf der Launen- und Flegelhaftigkeit freisprechen, doch der Blitz ließ auch diesmal nicht auf sich warten: Nachdem Trump ein paar Stunden später in Washington gelandet war, erklärte er, er habe ganz und gar nicht vor, einen Waffenstillstand auszuhandeln, sondern »etwas viel Größeres« (was stimmte, denn nach drei Tagen Bedenkzeit stürzte sich Amerika an der Seite von Israel in den Krieg), und Emmanuel sei ein *nice guy*, aber wie üblich auf Publicity aus, ohne irgendeine Ahnung von irgendwas zu haben.

Was der Betreffende mit gleichgültigem Achselzucken quittierte: Nicht die erste und nicht die letzte Auslassung dieser Art, ein Scherz unter Kumpeln, die sich gegenseitig aufziehen, aber eigentlich mögen. (So wie Reagan erklärte, als man ihm 1981 mitteilte, Israel habe gerade einen irakischen Atomreaktor angegriffen: »Boys will always be boys.«)

*Die Eule auf dem T-Shirt*

Sobald die Ratte fort ist, ist auch die Spannung weg. Man atmet durch, aber muss zugeben, dass die Partie damit auch langweiliger wird. Die Kanadier, die so große Angst vor dem gehabt hatten, was nun passiert ist, wirken im Grunde erleichtert, dass es passiert ist. Der zweite Tag ist zwar nur ein halber Tag, dennoch zieht er sich hin, was umso grausamer ist, als sein Star Selenskyj ist. Als Gast des G7 ist er fünftausend Kilometer gereist, nur um Trump zu treffen und ihn ein weiteres Mal anzuflehen, die Ukraine nicht völlig im Stich zu lassen, und Trump demütigt ihn ein weiteres Mal, indem er kurz vor seinem Eintreffen abreist. Zumindest glaubt er wahrscheinlich, dass er ihn demütigt – ich selbst gehöre zu denen, die finden, eine so grausame Szene wie die im letzten Februar im Oval Office macht Trump klein und Selenskyj groß. Genauso glaube ich, dass trotz des Größenunterschieds Courage und Kraft, auch physische, auf Seiten Selenskyjs zu finden sind, und dass seine normale Reaktion in einer normal gebliebenen Welt sein müsste, Trump am Schlafittchen seines dunkelblauen Anzugs zu packen und ihm ordentlich eins in die Fresse zu hauen. Doch wir leben unter der unbestrittenen Herrschaft der hinterlistigsten Ratte, Selenskyj kämpft um sein Land, das sich im Krieg befindet, und sein Heldentum muss darin bestehen, eine Kröte nach der anderen zu schlucken und Danke zu sagen, wenn er beleidigt wird.

In einer letzten Plenumssitzung um ihn versammelt, nutzen die anderen G7-Mitglieder die Gelegenheit, dass Trump gerade nicht hinschaut, um Selenskyj nichts als Wohlwollen und Verständnis entgegenzubringen. Als Merz sagt, die militärische Antwort befinde sich derzeit in einer Sackgasse und man müsse die Sanktionen nachjustieren, antwortet ihm Selenskyj, dass er natürlich auch für Sanktionen sei, er aber bis zu dem Moment, da sie Wirkung zeigten, das Terrain halten müsse und dafür Waffen brauche (»I need ammo«, immer wieder), und alle nicken: Wir verstehen dich ja, Wolodymyr, wir sind an deiner Seite, Wolodymyr, natürlich ist Russland der Aggressor! Mit ihrem gewohnten Ungestüm fasst Meloni die allgemeine Befindlichkeit zusammen, als sie ausruft: »Macht euch keine Illusionen, Freunde. Er (Putin) will nicht 20 Prozent von Wolodymyrs Land schlucken, sondern 100 Prozent, und selbst das wird ihm nicht reichen. Er will sein Imperium wiedererrichten. So wie wenn du (sie legt die Hand auf Macrons Arm) die Hälfte der Welt gern für dich hättest, weil das früher mal französische Kolonien waren, oder du (ihr Kinn deutet Richtung Starmer, der noch mit dem Vorfall vom vorigen Tag kämpft) die Gebiete des Commonwealth. Und ich, wenn wir schon dabei sind, wie wär's, wenn ich das Römische Reich wiedererrichten würde?« Macron lächelt nachsichtig. Dazu mein Freund, der Fotograf, heute Morgen: »Das ist eine fette Party für ihn, dass Trump verduftet ist. Jetzt ist er der Leader.«

Und tatsächlich übernimmt unser PR mit verschränkten Armen und zurückgelehntem Oberkörper, wie um etwas Abstand zu gewinnen, mit Genuss die Rolle des *adult in the room*. Wenige Stunden später zurück im Flugzeug hat er seinen Anzug wieder gegen sein schwarzes T-Shirt eingetauscht, und ich bemerke, dass darauf eine kleine Eule zu sehen ist, und das erinnert mich plötzlich an die Rede, die er vor sieben Jahren – einer Ewigkeit – in Athen über die europäische Zivilisation gehalten hat. Er hatte Hegels Satz von der »Eule der Minerva« zitiert, »die ihren Flug erst mit der einbrechenden Dämmerung beginnt« – anders gesagt, die Weisheit kann sich erst entfalten, wenn die Geschichte zu Ende geschrieben ist. Er freut sich, dass ich die kleine Eule bemerkt habe: Natürlich ist sie kein Zufall. Natürlich – um sein so oft verspottetes Mantra aufzunehmen – will er die Geschichte »zugleich« schreiben und verstehen. Ich habe auf die Schnelle – so auf die Schnelle, dass ich meine eigene Schrift kaum lesen kann – einige der Dinge notiert, die er mir bei dem letzten Abendessen am ovalen Tisch im Flugzeug sagte. Es war zu laut, um es aufzunehmen, am Tisch wurde laut gesprochen und laut gelacht, alle (PR+20, würde ich sagen) waren leicht aufgedreht vom Adrenalin, der Müdigkeit und weil das Ganze nicht völlig danebengegangen war – auch wenn man »en vrai« mit nichts zurückkehrte, weder einer gemeinsamen Erklärung noch auch nur dem Schatten einer Marschroute für was auch immer. Er sprach von Blasen (»Natürlich lebt Trump in einer Blase, aber ich auch und Sie auch, zumindest muss man sich dessen ein bisschen bewusst sein«), vom Vorteil und von der Gefahr, als »Gegensätzler« zu denken – das heißt im Gegensatz zu dem, was man eigentlich denkt (»Ich Idiot habe mich auf den Twitter-Account von Milei abonniert, und wenn ich seine Posts lese, wird mir klar, dass ich ihm zustimmen könnte«) –, von doppelten Standards und seiner größten Angst (»Wenn wir mit der Ukraine und Gaza so weitermachen, verlieren wir am Ende noch den letzten Rest an Glaubwürdigkeit«). Doch am meisten überraschte mich, was er in einem plötzlichen Aufbrausen über die Pubertät sagte – ich weiß nicht mehr, wie wir darauf gekommen waren: »Ich bin nie ein Pubertierender gewesen. Ich mag Pubertierende nicht. Ich verstehe sie nicht (es ist selten, dass Macron sagt, er verstehe etwas nicht). Meine Frau schon, die versteht sie.« Ich dachte: Als die beiden sich kennengelernt haben, war er selbst in der Pubertät, und wenn seine Frau Pubertierende nicht verstehen würde, säße er vielleicht jetzt nicht mit seiner kleinen Eule der Minerva auf seinem schwarzen Bodybuilder-T-Shirt in seinem PR-Flugzeug. Und schließlich, bevor wir für zwei, drei Stunden schlafengingen – selbst er –, das Schlusswort: Es handelte sich offenbar um einen Satz seiner Großmutter, Leute aus seinem Umfeld kennen ihn auswendig und warten mit einer Mischung aus Belustigung und Besorgnis schon darauf, denn hinter seiner Freundlichkeit versteckt er eine Drohung: »Na dann, alle Mann ins Bett. Habt die Nacht, die ihr verdient.«

*Aus dem Französischen von Claudia Hamm*

*Katja Kullmann*

## Netikrumas yra normalu*

** Litauisch für: Verunsicherung ist normal*

*I*

Ein Jahr liegt *mein Litauen* mittlerweile zurück. Wochenlang bin ich mit Zügen, Bussen, Autos und Fähren kreuz und quer durch das gar nicht mal *so* kleine Land gefahren (immerhin: doppelt so groß wie Belgien), hatte Unterkünfte in drei verschiedenen Städten gemietet und mit Dutzenden Menschen Gespräche geführt, meist auf Behelfsenglisch, gelegentlich mit Händen und Füßen und manchmal auch auf Deutsch, mit Professorinnen und Barmännern, Übersetzern und Botschaftsangestellten, Studierenden, Soldatinnen, Marktfrauen, Rentnern. Nicht durch eine, sondern sogar durch zwei militärische Sperrzonen war ich spaziert, Hunderte Fotos hatte ich gemacht und anderthalb Notizbücher vollgeschrieben. Doch nicht die kürzeste Kurzgeschichte ist aus all dem erwachsen, nicht mal das mickrigste Gedicht, wenigstens sechs klingende Zeilen über die Dämmerung über den katholischen Dächern von Vilnius oder über das Schilfgeraschel an der Kurischen Nehrung oder über den bröckelnden Putz an den Art-Déco-Fassaden von Kaunas – *nothing*, *nada*, *nieko* habe ich zustande gebracht.

Es ist sogar noch ärger: Nicht nur, dass ich keinen Text aus Litauen mitgebracht habe – ich habe unterwegs sogar noch einen verloren.

Einen ganzen Roman hatte ich bei der Abreise im Kopf gehabt, eine Hauptfigur, erste Umrisse eines Plots – und Litauen als Szenerie. »Den Aufenthalt in Litauen würde ich dazu nutzen, die Gegebenheiten vor Ort zu studieren, Eindrücke, Bilder, Idiome, Szenen zu sammeln. Geplant ist ein Werk erzählerischer Prosa«: So vernünftig, so planvoll hatte ich es in der Vorbereitung formuliert.

Doch als ich nach den erlebnisreichen Wochen in meine erlebnisarme *Schriftstellerinnenwohnung* zurückkehrte und auf meinem *Schreib*-Tisch das Romanexposé liegen sah, den großartigen Entwurf, den Auftrag, den ich mir selbst erteilt hatte, begriff ich mit Gewissheit, was ich zuvor, in den Unterwegswochen, bloß wackelig geahnt hatte: *Das wird nichts.*

Das Merkwürdige war: Statt Enttäuschung verspürte ich Erleichterung. Ein schlechter Roman wäre es nämlich geworden. Und allein Litauen ist zu verdanken, dass er nie geschrieben werden wird.

*2*

Mein Dank gilt nicht dem Litauen, das ich mir vor der Reise zusammenimaginiert hatte, aus ehrgeizig Angelesenem und online Recherchiertem, sondern dem realen, dreidimensionalen, lebendigen Litauen – seinen blankgeputzten Kirchen und seiner Rundumbeflaggung, seinen dampfenden Speck- und Kartoffelgerichten und seinen volldigitalen Türschlössern und Bezahlsystemen, seiner Kopfsteinpflasterschönheit und seinen monströsen Sowjet-Resten, seinen lichten Kiefernwäldern, glitzernden High-End-Showrooms, staubigen Billigläden, hochgetuneten Angeberautos, einsamen Bushaltestellen und rempelfreudigen Fußgängerinnen – die Fußgängerinnen *allein* ergäben schon Stoff für mindestens eine Novelle.

Ich danke also dem, was der weitgereiste britische Schriftsteller Graham Greene einmal *die gesegnete Wirklichkeit* genannt hat.[1] Aufs Üppigste hat sie mich in Litauen beschenkt. Und trotzdem halten »immer neue Bedenken vor dem Schreiben« mich zurück, nunmehr schon fast ein Jahr.

Von den »immer neuen Bedenken vor dem Schreiben« hat einer meiner Lieblingsschriftsteller auffällig oft gesprochen:[2] Wolfgang Koeppen, der ebenfalls gern und viel unterwegs war. *Stoff* – das anstrengende, oft frustrierende Bemühen, den *Stoff* mit den eigenen (woher auch immer kommenden) Gedanken zu verschränken: Kaum jemand legte seine Schriftstellerschwierigkeiten so offen, wie Koeppen es zeitlebens tat.

Eine Schwierigkeit hatte mich schon ereilt, während ich noch in Litauen war: Ich konnte niemanden belauschen, weder in einem Café noch in einer Supermarktschlange, noch an einer Haltestelle. Das Passantenbelauschen ist eine durchaus nicht unwichtige Tätigkeit für eine Schriftstellerin. Doch die litauische Sprache war mir auch nach einem ganzen Monat noch so verschlossen wie am ersten Tag.

Wie abhängig ich als Schriftstellerin von diesem Ding, der Sprache, bin: Beinahe hatte ich es vergessen. Doch Litauen hat mich wieder daran erinnert, Tag für Tag, etwa beim Spazierengehen: An die zwanzig Schaufenster habe ich unterwegs fotografiert, die kaum dekoriert und mit Gardinen verhangen waren und an deren Scheiben litauische Wörter vermutlich für litauische Dienstleistungen warben, die sich hinter den Gardinen abspielten – ob aber für ein Versicherungsbüro, einen Massagesalon oder eine Tierarztpraxis,

1 Zit. n. Jörg Fauser, *Gesegnete Wirklichkeit* [1981]. In: Ders., *Der Klub, in dem wir alle spielen. Über den Zustand der Literatur.* Zürich: Diogenes 2020.

2 Zit. n. Bernd Erhard Fischer: *Wolfgang Koeppen in Greifswald.* Berlin: Edition A. B. Fischer 2005.

für Gas-Wasser-Installationen, Steuerberatungen oder Psychotherapien: Es war mir unerschließbar. Diese buchstäbliche Fremdheit war keineswegs eine Qual, in gewisser Weise genoss ich sie sogar. Fielen mir einzelne Wörter besonders auf, gab ich sie in eines dieser Online-Übersetzungs-Tools ein und war häufig überrascht, dass sie etwas ganz anderes bedeuteten, als ich vermutet hatte.

*Netikrumas* ist ein solches Wort. In meiner dritten Litauenwoche habe ich es an einem Kiosk entdeckt. *NETIKRUMAS* stand in fetten Lettern auf der Titelseite einer Zeitung. Laut Übersetzungstool bedeutet es *Verunsicherung*, und das entsprach exakt der Gemütslage, in der ich mich in jenem Moment, gut eintausend Kilometer von meinem Heim-*Schreib*-Tisch entfernt, befand. Im Grunde hatte *Netikrumas* gleich am ersten Tag eingesetzt, schon bei meinem ersten Zusammenstoß mit einer litauischen Fußgängerin. Womöglich hat Litauen mich mit seiner eigenen *Netikrumas* sogar nachhaltig angesteckt.

*4*

Bei jedem Buch aufs Neue musste ich überlegen, was genau ich eigentlich herausfinden und erzählen will – und wie ich es am besten tue. *Fiction* oder *Non-Fiction*: Das ist stets die erste Grundsatzfrage, und das Springen zwischen den Gattungen war mir nie lästig, im Gegenteil, es macht mir Spaß, fordert mich heraus, hält das Denken wach und macht das Schreiben interessant (jedenfalls für mich).

Beim Detroit-Buch (meinem vierten) war die Sache sehr schnell klar.[3] Der Strukturwandel interessierte mich: Wie eine reiche Stadt aufs Krasseste verarmen und wie eine krass verarmte Stadt vielleicht wieder reich werden konnte. *You can't make this stuff up,*[4] lautet ein oft zitierter Merksatz des nichtfiktionalen Schreibens, und darauf vertraute ich damals zu hundert Prozent: Ich war sicher, dass die *gesegnete Wirklichkeit* in Detroit genügend Storys, verstörende Eindrücke und erhellende Erkenntnisse bereit hielt, die ich erkunden und über die ich schreiben konnte.

Bei Litauen war es nun aber anders. Diesmal wollte ich die unterwegs vorgefundenen Fakten lediglich als Kulisse, Tapete, Hintergrundgeräusch,

3 Katja Kullmann, *Rasende Ruinen. Wie Detroit sich neu erfindet.* Berlin: Suhrkamp 2012.

4 Der US-amerikanische Schriftsteller und »godfather behind creative nonfiction« hat eines seiner Bücher so betitelt: Lee Gutkind, *You Can't Make This Stuff Up: The Complete Guide to Writing Creative Nonfiction – from Memoir to Literary Journalism and Everything in Between*. New York: Da Capo Press 2012.

*Ambient-Musik* benutzen – und alles andere relativ frei aus meiner Fantasie hinzufabulieren. Die Idee für den Litauenroman war im Grunde ganz einfach. Obwohl, nein, »einfach« war sie eben nicht,[5] aber so las sie sich auf den ersten Blick wahrscheinlich, zumindest im Exposé.

Stellen wir uns als Protagonistin eine Bundeswehrsoldatin von etwa Ende dreißig vor, aufgewachsen im Rhein-Main-Gebiet, als Kind einer deutsch-amerikanischen »Mischehe«, Tochter einer hessischen Mutter und eines US-Soldaten. Nun soll sie in Litauen als Teil einer »westlichen Schutzmacht« dauerhaft stationiert werden und tritt damit gewissermaßen in die Fußstapfen ihres Vaters – wiederholt sich damit ein Teil der Geschichte? Oder ist jetzt alles anders, gar schon allein deshalb, weil nun auch Frauen in der Armee dabei sind? Was erlebt die Heldin in dem ihr anfangs komplett fremden Land? Was lernt und erfährt sie über deutsche Schuld und heutiges Deutschsein, was über »Ost« und »West«? Und, schließlich, über das Menschsein im Angesicht neuer (drohender) Kriege?

Klingt nicht schlecht – finde ich immer noch. Doch leider: sträubte sich der Roman. Besser gesagt: Mein Autorinnen-Ich funkte ständig dazwischen. Ich nahm die Reise sehr viel persönlicher, als ich es vorgehabt hatte, und dabei verblasste meine Romanheldin, die am Reißbrett entworfene Figur, die Kopfgeburt, von Tag zu Tag mehr. Bis ich sie nicht mehr erkennen konnte.

Fürchterlich abstrakt klingt das, aber vielleicht lässt es sich nachvollziehen, wenn ich wenigstens einen kleinen Ausschnitt aus dem Material herausrücke. Zum Beispiel Tag 13 und 14 meines Litauenmonats, relativ originalgetreu aus meinen Unterwegsaufzeichnungen wiedergegeben:

*Litauen, Tag 13*
Der Zug wird langsamer, die Schaffnerin steht schon an der Waggontür, ich stelle mich mit meinem Gepäck dazu. Sie erkennt (woran auch immer) sofort, dass ich keine Einheimische bin, und fragt, in sehr okayem Englisch und mit gerunzelter Stirn: »Wollen Sie hier raus? Sind Sie sicher?«»Ja«, sage ich, nicke ihr unternehmungslustig zu, packe meinen Krempel und steige aus. »Good luck«, ruft die Schaffnerin mir hinterher, »Ačiū!«[6] rufe ich zurück. Sie pfeift zur Abfahrt, der Zug fährt an, und

5 Wahrscheinlich ist keine schriftstellerische Idee je einfach nur »einfach« – sonst würde es ja nicht immer so lange dauern, bis die Leute endlich fertig werden mit ihren Büchern, nicht wahr?
6 Litauisch für »Danke!«

mir fällt auf, dass ich nicht nur die Einzige bin, die an dieser Station ausgestiegen ist, es ist auch niemand zugestiegen. Das Innere des Bahnhofshäuschens: wie ausgestorben. Kein Kaffeeautomat, kein Schalter. Nicht mal ein verschlossener.

Draußen, auf dem Bahnhofsvorplatz, drei staubige Autos, ein Pkw, zwei Kastenwagen. Ringsum vereinzelte Häuser, wie hingewürfelt und hinter hohen Hecken verborgen. Oder sind das eher Datschen, ist das eine Schrebergartenkolonie? Hinter einer der Hecken bellt ein Hund. Um die Häuschen herum grünbraune Felder, an einem Ende des Horizonts Industrieanlagen, am anderen Wald. Eine Bushaltestelle steht da glücklicherweise, wie es sich für einen Bahnhof gehört. Bis zum Stadtzentrum sollen es vier Kilometer sein, sagt das Internet. Der Fahrplanaushang sagt: Der Bus hält hier drei Mal am Tag, sonn- und feiertags gar nicht. Nächste Abfahrt: in zweieinhalb Stunden.

Es ist schwülwarm, Gewittergrollen zu hören, das Gepäck schwer. In einem Hotel im Zentrum habe ich ein Zimmer gebucht. Ich rufe dort an, eine ältere Frau ist am Hörer, sie spricht kein Englisch, ich kein Litauisch, aber das kenne ich schon, *jokių problemų*, irgendwie klappt es trotzdem meist mit der Verständigung. Ich bitte sie, mir ein Taxi an den Bahnhof zu schicken. Sie sagt (soweit ich es verstehe), das könne sie nicht tun, denn sie wisse nicht, wer ich sei. Ich nenne meinen Namen und die Buchungsnummer. Sie sagt (wenn ich es richtig deute), es liege ihr keine derartige Buchung vor. Dann legt sie auf.

So rumpele ich zu Fuß mit meinem Krempel los, an verwaist wirkenden Kleine-Leute-Häuschen und rostigen Fahnenmasten vorbei (wieder, wie fast überall im Land: die litauische Flagge direkt neben der ukrainischen, auf gleicher Höhe). Nach einer Viertelstunde, das Donnern hat zugenommen, erste Regentropfen platschen auf den rissigen Asphalt, rast mir ein schwarzer Kleinwagen mit Taxischild entgegen. Ob ich die sei, die ins Hotel wolle, fragt der Fahrer (wieder in sehr okayem Englisch, wie die Schaffnerin). Erleichtert steige ich ein. Im Taxiradio läuft Justin Timberlake *(Sexy back)*, nach zwei, drei Minuten Fahrt pladdert der Regen so richtig los, und die Siedlung wird dichter, mehrstöckige Plattenbauten links und rechts. »Ah, das muss die ›Kosmonautensiedlung‹ aus Sowjetzeiten sein«, sage ich. »Kann sein«, sagt der Fahrer. An einer riesigen Baustelle, einem weiträumig aufgerissenen Verkehrskreisel hält er an und bedeutet mir, auszusteigen. »Aber ich möchte bitte ins Zentrum«, sage ich. »Das *ist* das

Zentrum«, sagt der Fahrer. Die ganze Stadt werde gerade umgebaut, »alles EU-Geld«, fügt er hinzu und lacht kurz auf (ob eher fröhlich oder eher garstig, ist schwer zu sagen). »Und die Altstadt?«, frage ich. Wieder lacht der Fahrer, zuckt mit den Schultern und wünscht mir einen schönen Tag.

Okay. Ich bin in downtown Jonava, 35 000 Einwohner, Hauptarbeitgeber: die Holzindustrie. Den Koffer stelle ich im Hotel ab (sie haben mich freundlicherweise doch noch aufgenommen), packe meinen Schirm und gehe gleich los. Viel Zeit habe ich ja nicht, an diesem Ort, und will so viel wie möglich sehen. Zuerst die Kauno Gatvé,[7] einst der Mittelpunkt des jüdischen Lebens in Jonava, wie ich etwa bei Grigori Kanowitsch las.[8] 1929 war Kanowitsch in Jonava zur Welt gekommen, 1940, als er elf war, machten Jüdinnen und Juden rund achtzig Prozent der örtlichen Bevölkerung aus. Dann kam Stalin. Dann kam Hitler. Dann wieder Stalin. Und ich sehe: Heute ist vom jüdischen Leben in Jonava noch eine schmale Häuserzeile übrig, etwa ein Dutzend zierliche Gebäude. Und eine Synagoge mit eingeschlagenen Fenstern, einer Menge Müll vor der verrammelten Tür und einem Maschendrahtzaun drumherum. An der Kreuzung schräg gegenüber blinkt das orangefarbene Logo der Autowaschanlage *BUBBLES BAY* ins gewittrige Grau.

»Scheißnazis«, zischt es in mir, »Scheißstalinismus auch!«, während ich Jonavas schachbrettartig angelegte Straßen abtrotte. »Kackkommunismus, Drecksplanwirtschaft, voll eintönig, diese sture Rechtwinkligkeit«, motze ich, innerlich, und erschrecke – über eine Idiotenkarre, die von hinten an mir vorbei brettert, mit röhrendem Auspuff und Zündungsgeknatter, das wie Maschinengewehrsalven klingt. Ich kenne diese Geräusche von zuhause, aus dem Wedding. Hier wie dort sitzen Männer am Steuer, die ungeheuer bemüht wirken, »Männer« darzustellen, mit grotesk getuneten Motoren, grotesk trainierten Armen, grotesk getrimmten Vollbärten – Karikaturen von Männern. »Arschloch!«, rufe ich dem Arschloch hinterher und sehe endlich etwas Grünes in der Ferne leuchten: die Wiesen am Ufer des Neris,[9] der auch durch Vilnius fließt, Was für eine Erholung,

7 *Gatvé* ist das litauische Wort für »Straße«.

8 *Kaddisch für mein Schtetl* heißt der autobiografische Roman, den Kanowitsch über seine Kindheit in Jonava schrieb.

9 Der Neris ist ein 510 Kilometer langer Fluss, der im Norden von Belarus entspringt, durch die litauische Hauptstadt Vilnius und durch Jonava fließt und in Kaunas, der zweitgrößten litauischen Stadt, in die Memel mündet.

hier muss es ganz schön sein im Sommer. Aus einem Grashügel ragt ein Betonklotz. Eine Skulptur vielleicht. (Findet man ja oft in mittelkleinen Städten, gerade in den besonders traurigen Städtchen – was wäre die Kunst ohne die unverwüstliche Zuversicht der Kreiskulturämter.) Ich stapfe näher an den Betonklotz heran und sehe: meinen ersten Weltkriegsbunker in Litauen.[10]

Danke – damit reicht es mir fürs Erste. Ohnehin muss ich mich ja noch vorbereiten, auf die Verabredung morgen, und bei dieser Verabredung wird es nicht um den Zweiten Weltkrieg gehen, sondern um den dritten.

*Litauen, Tag 14*
Kurz nach sieben in der Früh: Wieder sitze ich mit einem Fahrer in einem Auto (dieser ist sehr viel älter als der gestrige und spricht kaum Englisch). Der Mann bringt mich ins Örtchen Rukla, zehn Kilometer von Jonava entfernt, 2100 Einwohner, landesweit bekannt für seine »Spukhäuser«[11] und seine hohen Arbeitslosen-, Alkoholkranken- und Kriminalitätsraten. (So steht's im Internet.) Einst unterhielten die Sowjets einen militärischen Stützpunkt in Rukla, heute ist die »Multinational Battlegroup Lithuania der Nato« dort stationiert, Belgier, Luxemburger, Niederländer, Norweger, Kroaten, Franzosen, Deutsche.

Ich bin mit Hauptmann Hehn verabredet. Den Titel »Hauptfrau« gebe es bei der Bundeswehr nicht, ansonsten seien die Gleichberechtigungserfolge beim deutschen Militär aber ganz beachtlich, erklärt sie mir, als sie mich am schwerbewaffnet bewachten Eingang der Kaserne abholt und hinter den Stacheldraht auf das Gelände führt. Um Hauptmann Hehn dort treffen zu können, habe ich schon von Deutschland aus Kontakt zur Bundeswehr aufgenommen. Nicht als Journalistin wolle ich kommen, sondern als Schriftstellerin, hatte ich gesagt. »Keine sicherheitsrelevanten Details werde ich wiedergeben und keine wörtlichen Zitate, es bleibt alles unter drei«, hatte ich dem Verteidigungsministerium, dem Auswärtigen Amt und ich weiß nicht wem noch alles versichert. »Es geht nicht um einen Zeitungsartikel,

10 Ein paar Tage später, an der Kurischen Nehrung an der Ostseeküste, werde ich weitere Bunker sehen.

11 Einst unterhielt die sowjetische Armee einen großen Stützpunkt in Rukla. Die nach dem Abzug der Russen in den 1990er Jahren freigewordenen Gebäude sollten zu günstigem Wohnraum umgewandelt werden, die Substanz ist aber schlecht, und angeblich treiben böse Geister dort ihr Unwesen, heißt es in und um Rukla.

bloß um einen Roman«, hatte ich in einem Telefonat gesagt – »Ach so, na dann ist das ja alles halb so wild«, war die Antwort.

Hauptmann Hehn ist abkommandiert, sich um meine Neugier zu kümmern, und geht zuvorkommendst darauf ein. Ein halbes Dutzend ihrer »Kameradinnen« habe sie zusammengerufen, sagt sie und führt mich in ein großes, hellgraues Zelt. Es handele sich um einen »Freizeitraum«, erklärt sie, deutet erst auf eine Tischtennisplatte am Eingang und dann auf eine Sitzgruppe am hinteren Ende des Zelts. Dort sitzen sieben Frauen im Halbkreis und blicken mich erwartungsvoll an. Alle sind sie jung, zwischen Anfang zwanzig und Ende dreißig, alle tragen Flecktarn, alle stellen sich mit ihren Dienstgraden vor, von der Aufklärerin bis zur MP, und bei jeder einzelnen überlege ich: Könnte sie meine Romanfigur sein? Oder sie, die mit den dick getuschten Wimpern da drüben? Oder sie, die schon in Afghanistan im Einsatz war? [...]

Man sieht: Ich habe nicht *nichts* geschrieben.

Nur eben ... nichts *Richtiges*.

*5*

Schreibende Leute sind selten superreich und dennoch privilegiert, zumindest, was das Reisen angeht, denn wenn sie sich geschickt anstellen, finden sie immer mal wieder jemanden, der ihnen ihr Unterwegssein bezahlt, sei es ein Verlag, der einen Reisekostenvorschuss lockermacht, sei es ein Literaturgremium, das ein Fördergeld oder Stipendium zu vergeben hat.

Was *mein Litauen* angeht, hatte alles mit dem Fernsehen angefangen, und zwar so: Seit dem russischen Überfall auf die Ukraine im Februar 2022 tauchte Litauen immer häufiger in den Nachrichten auf, als »geopolitischer Zankapfel«, als »östlicher Außenposten der EU« und »Ostflanke der Nato«. Zunächst war ich lediglich als unauffällige Bürgerin und gewöhnlicher News-Junkie fasziniert. Oft genug hatte Wladimir Putin die Wiederherstellung Großrusslands als sein politisches Ziel angedeutet, nun zeigte sich in der Ukraine, dass er es wohl ernst meinte. Was, wenn Putin sich als nächstes das Baltikum vornähme? Litauen – geografisch eingeklemmt zwischen der hochgerüsteten russischen Enklave Kaliningrad im Westen und dem kremltreu regierten Belarus im Osten – wäre in diesem Szenario besonders bedroht.

Nie war ich im Baltikum gewesen. Ich wusste bloß, dass Litauen 1990 die erste aller fünfzehn Sowjetrepubliken gewesen war, die ihre Unabhängigkeit von Moskau erklärt hatte. Mutig waren die Litauerinnen und Litauer etlichen Ex-Ostblock-Staaten, inklusive der DDR, vorangegangen.[12] Ein ernst zu nehmendes Nato- und EU-Mitglied war dieses Land nun, ein freundlich gesinnter Nachbar. Ich begann, mir Sorgen zu machen, um Litauen und wahrscheinlich auch um mich. Berlin liegt bekanntlich verflucht weit *im Osten.*

Eines Tages bekam ich mit, dass Deutschland eine *Brigade Litauen*, 5000 Bundeswehrangehörige, dauerhaft in das Land entsenden würde und dass den Deutschen dort eigene Siedlungen, Schulen, *Facilities* aller Art gebaut werden sollten. Das war der Moment, in dem sich die Schriftstellerin in mir dazuschaltete. Plötzlich tanzte mir diese Figur durch den Kopf: die deutsche Soldatin im Auslandseinsatz.

»Man muss sich mit seinen Figuren bewegen«, hatte Graham Greene einmal gesagt und hatte wohl recht damit, ich würde mich ein Weilchen in Litauen umsehen müssen, um die Soldatinnengeschichte schreiben zu können. Nur: wie finanziert? Im Akkord las ich ein Dutzend Bücher über oder aus Litauen, Historisches und Heutiges, Sachliches und Belletristisches, das meiste von Männern geschrieben, Antanas Škėma, Tomas Venclova, Rimantas Kmita, und verfolgte weiter die Nachrichten. »Litauen plant Verlängerung des Ausnahmezustands an Außengrenzen«, las ich. Aber auch: »Litauen gilt als glücklichster Ort für Unter-Dreißigjährige.«[13]

Dann mischte das Schicksal sich ein. Genauer gesagt: ein Google-Zufall. Wieder einmal tippte ich die »Litauen« und »Literatur« in die Suchmaske ein, und es ploppte die Ausschreibung für ein Litauen-Stipendium auf, vergeben vom Hessischen Literaturrat. Ein vierwöchiger Aufenthalt in der Hauptstadt Vilnius wurde in Aussicht gestellt, Unterkunft und Reisekosten würden bezahlt, hinzu kämen 2500 Euro für weitere Unterwegs- und Lebenshaltungskosten. Vergeben werde das Stipendium an Schreibende, die »einen persönlichen Bezug zu Hessen« hätten, hieß es. Ich bin in Hessen geboren und aufgewachsen, und die Bewerbungsfrist lief noch – hoch lebe Hessen, hoch lebe Litauen, hoch lebe die Literatur!

So baute ich die noch dünnen Romanskizzen zu einem vertrauenerweckenden Exposé aus und verfasste ein Anschreiben, das klar machte, dass ich nicht

12 Schon den 1980ern war die Unabhängigkeitsbewegung in Litauen lauter geworden, 1989 kam es dann zur »Singenden Revolution« und zu einer 600 Kilometer langen Menschenkette zwischen der litauischen Hauptstadt Vilnius, dem lettischen Riga und dem estnischen Tallin. Diese Demonstration über drei Länder hinweg ging als »Baltischer Weg« in die Geschichtsbücher ein.

13 *Business Insider* vom 19. Juli 2024 (www.businessinsider.de/leben/international-panorama/litauen-gilt-als-gluecklichster-ort-fuer-unter-30-jaehrige-so-ist-es-dort-zu-leben/).

den ganzen Monat *schreibend* in Vilnius absitzen, sondern lieber quer durchs Land fahren würde, um möglichst viel davon zu verstehen. Ein paar Wochen später erhielt ich tatsächlich die Zusage, freute mich enorm darüber, nahm sofort Kontakt zur Bundeswehr auf und meldete mich auch beim *Lietuvos rašytojų sąjunga*, dem litauischen Schriftstellerverband, der die Sache mitfinanzierte und -organisierte.

Für die Betreuung der schreibenden Gäste war die Dichterin Indre Valantinaité zuständig, eine Berühmtheit in der litauischen Literaturlandschaft und eine äußerst freundliche und hilfsbereite Kollegin. Mehrmals half Indre mir aus der Patsche, etwa als ich an der Ostsee mein Telefon verlor oder als ich in Vilnius aus einem eleganteren Viertel in ein abgerisseneres umziehen wollte. (»Es kommt mir da irgendwie *realer* vor«, sage ich zu ihr, sie nahm es gelassen hin.)

Immer wieder tauschten wir uns auch übers Schreiben aus – Indre, die tendenziell feinfühlige Poetin, die sich viel mit Glaubensfragen beschäftigt, und ich, eher der Typus ruppige Reporterin, die sich für alle möglichen Formen des Aberglaubens interessiert und für die Reise die Arbeit an einem Roman über die Astrologiebranche unterbrochen hatte.[14] Trotz unserer unterschiedlichen literarischen Auffassungen und Methoden verstanden wir uns blendend. Indre organisierte eine Lesung und einen Vortrag für mich, an den Universitäten von Vilnius und Kaunas, und in die Ankündigungen schrieb sie: »Die Autorin liebt es zu reisen, vermeidet es aber, unterwegs aufzufallen.«[15]

Die Kollegin hatte genau verstanden, worum es mir ging: Am liebsten wäre ich in Litauen unsichtbar gewesen. Nicht *in* meiner Romanfigur wollte ich mich bewegen, sondern *mit* ihr – wie Graham Greene es formuliert hatte. Nicht aus der Ich-Perspektive wollte ich die Geschichte erzählen, sondern distanzierter, im auktorialen Modus, *aus der Vogelperspektive*.

Vielleicht hätte es, wenn es mir geglückt wäre, ungefähr so geklungen:

> *Laura/Anja/Kerstin* (ich hatte noch keinen Namen für die Figur) *hängte den schweren Camouflage-Overall in den Spind, verließ in ihren leichten Lieblingsjeans und einem hellblauen Sakko das Kasernengelände und bestellte im ersten Lokal, das sie sah, einen Teller Šaltibarščiai, die Rote-Bete-Suppe, von der die Kameradinnen geschwärmt hatten. »Schmeckt?«, fragte der*

14 *Stars* heißt der Roman. Er erschien im Frühjahr 2025 bei Hanser Berlin.

15 Eine der Ankündigungen findet sich in gekürzter Fassung unter: rasytojai.lt/kvieciame-susipazinti-su-katja-kullmann-siumete-lietuvos-rasytoju-sajungos-rezidencijos-viesnia/

*Kellner. Sie nickte, mit vollem Mund, und hob den Daumen ihrer linken Hand. »Russische Suppe, gute Suppe«, sagte der Kellner und strahlte. »Russisch?«, fragte sie und verschluckte sich fast. »Taip«, antwortete der Kellner, »da, yes, jawohl, Madame. Wir nennen sie den ›kalten Borschtsch‹«. Erschrocken ließ Laura/Anja/Kerstin den Löffel sinken und …*

Aber Laura/Anja/Kerstin hatte kaum eine Chance. Ich verspürte, schlicht gesagt, überhaupt keine Lust, über sie nachzudenken.

Nach dem ersten Kasernenbesuch war mir klar geworden, dass ich noch immer viel zu wenig über den Alltag in der Bundeswehr wusste. Wochenlange weitere Recherchen waren nötig. Kann ich zuhause nachholen – beruhigte ich mich und ergab mich dem Rausch des Unterwegsseins, ließ mich weiter treiben, von einer litauischen Widersprüchlichkeit in die nächste.

Da waren die pastellfarbenen Oberleitungsbusse des Fabrikats Skoda 14 Tr, die noch aus Sowjet-Zeiten stammen und südlich des Flussufers durch die Vilniusser Altstadtgassen kurven – und gegenüber, am nördlichen Ufer, im topmodern aufgemotzten Stadtteil Šnipiškės, glitzerten scharfkantige Spiegelglastürme in der Septembersonne, Statthalter des freidrehenden Hedgefonds-Kapitalismus.

Das KGB-Museum mit seinen zur Besichtigung freigegebenen Verhör- und Folterkammern – und die Bachata-Tänzer, die sich bei frischem Ostseelüftchen stundenlang zu karibischen Klängen bewegen.[16]

Das litauische Mallorca, der schrillbunte Ferienort Palanga an der Ostsee, wo es Sushi und Daiquiri, Game Center und Karaoke-Boxen, Irish Pubs und vegane Bowls zum Abwinken gibt – und am anderen Ende des Landes das Dörfchen Katra, im streng kontrollierten Sperrgebiet an der belarussischen Grenze gelegen, mit zuletzt noch 19 Einwohnern, fast ausschließlich verwitweten alten Frauen, die, obwohl sie offiziell Litauerinnen sind, nur Russisch sprechen.

Die katholischen Nonnen, die landauf, landab in kichernden Grüppchen unterwegs sind – die modischen jungen Leute in den Universitätsstädten (»Hipster« würden sie in Berlin geschimpft) – die stämmigen Marktfrauen, die auf den schattigen Rückseiten der Lokalbahnhöfe ihre Waren feilbieten, glänzende Speckschwarten und neonfarbene Plastikeimer voller Pfifferlinge, Putzmittel, Bettwäsche, Bling-Bling-Kleider *made in Turkey*.

16 Ein Videobeispiel aus Klaipeda an der Kurischen Nehrung: www.youtube.com/watch?v=uvXeYlqNti0

*YOU CAN'T MAKE THIS STUFF UP*, dachte ich fast jeden Tag aufs Neue.

Und die Fußgängerinnen erst. Als ich erstmals mit einer zusammenstieß, auf einem der schmalen Trottoirs in den Gassen von Vilnius, dachte ich, es läge an mir (die Reisestrapazen). Beim zweiten und dritten Mal auch noch (die Zeitverschiebung). Beim vierten Mal wurde ich etwas sauer – und skeptisch. Beim fünften Mal glaubte ich, ein System hinter den Karambolagen zu erkennen. Nur: welches? Auch andernorts wird es mal eng in krummen Altstadtwinkeln, in Frankreich wie in Italien, in Portugal wie in Schottland, in Krakau wie in Prag – aber eigentlich wichen die Menschen sich dabei doch immer quasi automatisch aus. War das nicht ein basaler menschlicher Instinkt? Dass der eine einen Schlenker nach links macht und die andere einen Ausfallschritt nach rechts, dass man halt irgendwie aneinander vorbei scharwenzelt, mal eleganter, mal genervter – jedenfalls: aneinander vorbei und nicht aufeinander zu? In Litauen kam es mir, wann immer es irgendwo mal eng wurde, aber so vor, als ob jeder jeden wegschubste. An den Passantinnen fiel es mir stärker auf als an den Passanten. Und als ich eines Tages in einem Kaufhaus vor einem T-Shirt-Ständer stand und eine junge Frau von hinten über meine Schulter griff, meinen Arm wegdrückte, sich seitwärts vor mich drängte und eiskalt unhöflich nach einem der blöden Shirts schnappte, war ich mir sicher: Ich bildete mir das Gerempel nicht nur ein, es war tatsächlich Usus in Litauen, und niemand störte sich groß daran.

Klischees sind die Pest. Ich lehne sie ab, halte mich (selbstverständlich) für zu klug dafür, konnte nach all den Zusammenstößen aber nicht länger leugnen, dass ich es offensichtlich mit dem zu tun hatte, was der ukrainischstämmige deutsche Schriftsteller Dmitrij Kapitelman als »authentisch unfreundliche post-präsens-sowjetische Verkäuferinnen«-Art beschrieben hat.[17]

Dabei waren die Litauerinnen im Privaten, im direkten Gespräch, doch so aufgeschlossen und gewitzt, so fürsorglich, großzügig und charmant.

Erst kurz vor dem Ende der Reise traute ich mich und sprach eine Litauerin auf das Gerempel an. Es handelte sich um eine mir besonders sympathische Litauerin, noch dazu um eine, die seit zwanzig Jahren zwischen Litauen und Deutschland hin- und herpendelt, sie ist also mit beiden Welten vertraut. Ich hoffte, sie nicht zu brüskieren, stotterte ungelenk herum. Die Litauerin lachte. »Wahrscheinlich hast du den Kommunismus nicht kapiert!« Dann sagte sie: »Ich weiß sehr gut, was du meinst, immer wenn ich nach Litauen zurückkehre, fällt es mir ebenfalls auf. Ich habe schon laut darüber geschimpft und

17 Dmitrij Kapitelman, *Russische Spezialitäten. Roman*. Berlin: Frölich und Kaufmann 2025.

zurückgeboxt, das kann ich dir sagen!« Ja aber – woran liegt das, wollte ich wissen. Litauen sei eben nicht nur Teil des Ostblocks gewesen, sondern eine Sowjet-Republik, sagte die Litauerin, »und wahrscheinlich steckt das noch immer in uns drin.« – »Du meinst: Mangelwirtschaft, Schlangestehen, das Gefühl, zu kurz gekommen zu sein? Und jetzt der Kapitalismus, der knallharte Wettbewerb?«, fragte ich. Kurz blickte die Litauerin versonnen in die Luft. »Naja, Länder wie Ungarn, die Tschechoslowakei oder die DDR kamen uns damals unendlich reich vor, weißt du …«, sagte sie. Dann schlug sie mit der flachen Hand auf den Tisch. »Ach, wir Litauer sind auch einfach Bauern, ein bisschen grob, das ist unsere Mentalität, immer gewesen. Kannst du ruhig so schreiben.« – »Nein, das kann ich nicht so schreiben, das klingt ja übel«, sagte ich. »Doch«, sagte die Litauerin, »genau so! In deinen empfindlichen deutschen Öhrchen klingt es schlimm, ja ja, aber es ist wahr: Sperr vier Litauer in ein Zimmer, und es herrscht dicke Luft, sperr einen fünften dazu, und es gibt Krieg.« Ich schüttelte den Kopf, die Litauerin beharrte: »Schreib das auf Kullmann, unbedingt, und setz gern meinen Namen dazu, macht mir gar nichts, ich bin Litauerin, wir vertragen eine Menge.«

*6*

*Vokietija* ist der litauische Name für Deutschland. Und je länger ich über mein litauisches Schreibversagen nachdenke, desto plausibler erscheint mir, dass meine *Netrikumas* nicht nur an meinem (eventuell leicht neurotischen) Autorinnen-Ich liegt, sondern auch an *Vokietija*.

Ja, die Deutschen waren schon einmal hier – dachte ich unterwegs ungezählte Male. Dass der Nationalsozialismus in Litauen ebenso gewütet hat wie im Rest Europas, oder sogar noch schlimmer,[18] wusste ich, dass ich auf deutsche Spuren stoßen würde, war mir klar gewesen. Aber dass es so viele waren … Suchte ich diese Spuren oder suchten sie mich?

Einerseits passten sie durchaus zu meinem Roman-Konstrukt: die Deutschen und ihre Panzer – gestern Mörder, heute Beschützer. Andererseits ging alles wirr durcheinander, die Vergangenheit, die Gegenwart, das Sach- und Fachwissen, die Laura / Anja / Kerstin-Fantasie und meine eigenen, höchst subjektiven Regungen – *Verunsicherungen*.

Zum Beispiel in Kaunas, der zweitgrößten litauischen Stadt: Am Ufer der Memel spazieren gehen und die giftige erste Strophe des Deutschlandliedes

18 »Im Holocaust starben fünfundneunzig Prozent der litauischen Juden – nirgendwo sonst erreichte die Vernichtung eine solche Dimension.« Tomas Venclova, *Vilnius. Eine Stadt in Europa*. Übersetzt von Claudia Sinnig. Frankfurt: Suhrkamp 2006.

partout nicht aus dem Kopf bekommen: »Von der Maas bis an die Memel, von der Etsch bis an den Belt« … Später ein Gemälde an einer Kaunaser Hauswand fotografieren und bei Instagram posten: ein Bild von Lea Goldberg,[19] der jüdischen Schriftstellerin, die in Kaunas studiert und Deutsch gelernt hatte und 1935 nach Tel Aviv auswanderte, als eine Zionistin der ersten Stunde … Bei einer Kaffeepause die neuesten News checken und lesen, dass an deutschen Universitäten gerade junge Leute, die sich als »links« bezeichnen, wie wild gegen den Zionismus geifern. (Stimmt, den Gaza-Israel-Konflikt gibt es ja auch noch.) … Nicht aufregen, durchatmen, weiter spazieren – und ein weiteres Fotomotiv entdecken: eine Metallplatte, die an die »Märtyrer des Nationalsozialismus« erinnert, an Tausende, die von Kaunas ins KZ Stutthof im heutigen Polen deportiert wurden.[20] (Das Bild nicht bei Instagram posten.) … Abends, im Hotel, wieder News aus Germany: Das letzte Urteil im jahrzehntelangen Stutthof-Prozess ist soeben rechtsgültig geworden, eine mittlerweile achtundneunzig Jahre alte KZ-Sekretärin wurde des systematischen Massenmords für mitschuldig befunden.

Nicht nur die Gestern-heute-Achse, auch das Wessi-Ossi-Problem brachte mich immer wieder durcheinander.

Zum Beispiel, als ich einer Vilniusserin erzählte, dass ich, abgesehen von ein paar Tagen in Polen, Tschechien und der Slowakei, noch nie länger in Osteuropa gewesen war. »Nenn uns nicht Osteuropa«, sagte die Vilniusserin. »Warum nicht?«, fragte ich. »Wir sind nicht Osten, wir sind Westen«, sagte sie. »Ah, verstehe, du meinst: politisch betrachtet?« Die Vilniusserin nickte. »Okay, ich meinte es ja auch vor allem geografisch«, sagte ich, »von Deutschland aus gesehen liegt Litauen nun mal im Osten und …« – »Egal«, sagte die Vilniusserin, »lass es einfach, nenn uns nicht Osteuropa, glaub mir, das kommt hier gar nicht gut an.« Ich bedankte mich für den Hinweis (und habe auf dem Rest der Reise das Wort Osten zu vermeiden versucht, so gut es ging).

Auf einmal kam es mir albern, überflüssig, kindisch, gekünstelt vor, eine Figur zu erfinden und ihr all die Dinge unterzujubeln, die mich unterwegs beschäftigt und berührt haben. Ein Roman ist kein Thesenpapier (oder sollte zumindest keines sein). *Die gesegnete Wirklichkeit* bot so dermaßen viele spannende Geschichten – warum noch eine dazu erfinden?

19 Von Lea Goldberg (1911–1970) ist, soweit ich weiß, nur ein Buch ins Deutsche übersetzt worden, der Roman *Briefe von einer imaginären Reise* (Frankfurt: Suhrkamp 2003), der von einer unglücklichen Liebe handelt.

20 Oder ins neugeschaffene Ghetto Slobodka vor den Toren der Stadt. Wie in Frankreich, den Niederlanden oder Polen haben nicht wenige mit den Nazis kollaboriert – noch mal eine eigene Geschichte.

*„Ein Vergnügen und eine Zumutung, eine Inspiration und eine Provokation.“*
*– FAS*

# Der *MERKUR* im Abonnement

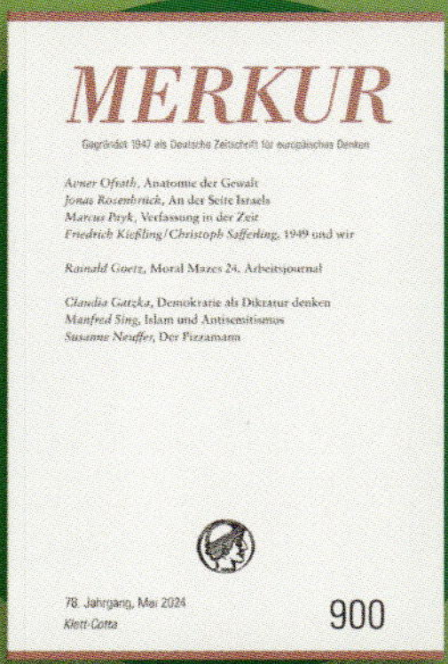

# Ja, ich will den *MERKUR* abonnieren!

**Jahresabo Print:**
**12 Ausgaben in der Printversion**
152 € zzgl. Versand (D) 21,60 €;
(CH) 36 CHF; (EU) 31,20 €;
(übriges Ausland) 45,60 €

**Jahresabo Digital:**
**12 Monate *MERKUR* digital:**
Alle Ausgaben online und zum Download (ePub, MOBI, PDF) + freier Zugang zum Archiv mit allen Texten der Zeitschrift seit 1947.
152 €

**Jahresabo Print + Digital**
178 € zzgl. Versandkosten: (D) 21,60 €; (CH) 36 CHF; (EU) 31,20 €; (übriges Ausland) 45,60 €

**Als Buchprämie wähle ich**

- Martina Hefter
- Venki Ramakrishnan
- Peter Heather, John Rapley

Nach Ablauf eines Jahres ist das Abonnement monatlich kündbar.

______________________________
**Datum, Unterschrift**

# *Wählen Sie Ihre Buchprämie*

**Hey guten Morgen, wie geht es dir?**
Martina Hefter

**Warum wir sterben**
Venki Ramakrishnan

**Stürzende Imperien**
Peter Heather,
John Rapley

25EIN

Entgelt zahlt Empfänger

## Absender

Vorname, Name

Straße und Hausnummer

PLZ und Ort

Telefon (optional für Rückrufe)

E-Mail

Deutsche Post
ANTWORT

Leserservice
Verlag Klett-Cotta
Postfach 13 63
82034 Deisenhofen

Aboservice
+49 (0) 89 / 85 853 – 868 | klett-cotta@cover-services.de

»Ich wurde gegenüber dem Roman überhaupt mißtrauischer. Ich fing an, mich zu fragen, was ist ein Roman, kann man heute einen Roman schreiben, sind erfundene Figuren das wahre Medium, um heute irgend etwas auszusagen?«[21] So hat Wolfgang Koeppen seine Zweifel an der Fiktion einmal formuliert.

Und an jenem Punkt bin ich bis auf Weiteres stecken geblieben.

Unverletzt und übervoll mit *Bildern* kam ich also wieder zu Hause an, und die Welt drehte und dreht sich weiter. In Litauen werden fünf Männer festgenommen, nachdem in Leipzig DHL-Pakete explodiert sind (vermutlich ein russischer Anschlag, heißt es); in der Ostsee geht immer mal wieder eine Unterwasserleitung hops; in Vilnius ist erstmals eine rechtsextreme Partei ins Parlament gezogen, die »Morgenröte von Nemunas«; der US-Präsident staucht im Weißen Haus vor der versammelten Weltpresse den ukrainischen Präsidenten zusammen; die Brigade Litauen hat mit dem Umzug nach Rūdninkai bei Vilnius begonnen; eine Studentin, die ich dort, in Vilnius, kennengelernt hatte, ist für ein Semester nach Lüneburg gezogen, ihr ohnehin schon gutes Deutsch verbessert sich von Woche zu Woche; in Talkshows im ZDF und in der ARD wird über die Wiedereinführung der Wehrpflicht diskutiert; im Privatfernsehen laufen Werbespots für die Tauschhandel-App Vinted (founded in Lithuania); das Bundesinnenministerium rät allen Bürgerinnen und Bürgern, sich einen Notfallvorrat für Krisenzeiten anzulegen; und in meinem Briefkasten landet das frisch veröffentlichte Buch von Indre Valantinaité, meiner litauischen schreibenden Kollegin. *Aus dem Jerusalem des Nordens. Gedichte aus Litauen* heißt es. Folgende Zeile streiche ich mir darin an: »Mein Leben ist nicht in Gefahr. Ich bin satt und gesund. Ich werde nicht verfolgt. Auf den Straßen marschieren keine uniformierten Männer«.[22]

Kurz darauf erscheint auch mein Aberglaube-Roman, den ich nach der Litauenreise eilig fertig geschrieben habe, und ich treffe in Berlin eine Frau wieder, mit der ich zuletzt in Vilnius einen Eiskaffee getrunken hatte. Wir gehen zusammen ins Kino: in *TOXIC*, 2024 von der litauischen Filmemacherin Saulé Bliuvaité gedreht und beim Festival von Locarno mit dem Hauptpreis prämiert. *TOXIC* erzählt von einer Gruppe junger Mädchen in einer heruntergekommenen litauischen Industriestadt, die von einer internationalen Modelkarriere träumen. Der kapitalistische Körperkampf. Die Existenzangst.

21 Zit. n. Hans-Ulrich Treichel (Hrsg.), *Wolfgang Koeppen. Einer der schreibt. Gespräche und Interviews*. Frankfurt: Suhrkamp 1995.

22 Indre Valantinaité, *Das Versteck*. In: Dies. (Hrsg.), *Aus dem Jerusalem des Nordens. Gedichte aus Litauen*. Übersetzt von Cornelius Hell. Taufkirchen: Mediathoughts 2025

Die Existenzlust. Die Existenzwut. Der Film endet wortlos, mit einem lange hängenbleibenden Bild: Ein getunetes Angeberauto fährt auf einem verlassenen Jahrmarktplatz im Kreis, minutenlang im Kreis, aggressiv und eierig, wie auf Droge, die Reifen schleudern postsowjetischen Kies in die Luft.

Die Litauerin, die gerade in Berlin ist, und ich, wir finden den Film ziemlich stark. »Könnte fast genauso auch irgendwo in Nordengland spielen«, sage ich danach. »Oder hier im Wedding«, sage ich. Die Litauerin geht zur U-Bahn, ich zu meiner Schriftstellerinnenwohnung, in der ich zweimal sechs Flaschen stilles Wasser, zwölf Nudelpackungen und zwanzig Gemüsekonserven für den Ernstfall gebunkert habe. Als ich an einer Ampel geduldig auf Grün warte, röhren zwei toxische Dreckskarren vorbei, das Auspuffgeknatter ist noch zu hören, als sie längst schon zwei, drei Kreuzungen weiter sind. *Ja, so ist das, hier und heute, jetzt und überall* – denke ich. Eine gute Geschichte eigentlich. Wo beginnt sie? Wie endet sie? Eines Tages werde ich es wissen. Dann fange ich mit dem Schreiben an.

*Robert Knight*

# Opfergemeinschaft

*Zwei freundliche Briefe und ein Bescheid*

Im März 2022 erhielt ich einen Bescheid aus Wien (Amt der Wiener Landesregierung), der mir mitteilte, dass ich österreichischer Staatsbürger geworden war. Dem Bescheid lagen zwei freundliche Briefe bei, einer von Michael Ludwig, dem Bürgermeister von Wien: »Ich freue mich sehr, dass Sie sich dazu entschieden haben, diese Möglichkeit in Anspruch zu nehmen. Es erfüllt mich mit großer Ehre und Dankbarkeit, dass Menschen in aller Welt, deren Vorfahren unter dem Grauen des Nationalsozialismus gelitten haben, weiterhin eine Verbundenheit zu österreich [sic] haben […] Ich empfinde es als Auszeichnung, wenn sich Menschen für die Österreichische Staatsbürgerschaft entscheiden, weil dies unter anderem auch ein Zeichen dafür ist, dass der Weg des friedlichen Miteinanders und des demokratischen Zusammenlebens, zu dem Österreich zurück finden konnte, anerkannt und geschätzt wird.« Alexander Schallenberg, damals österreichischer Außenminister, zeigte sich in seinem Schreiben nicht weniger wohlwollend. Sowohl die Briefe als auch der Vorgang selbst, der mich zum österreichischen Staatsbürger werden ließ, hinterließen gemischte Gefühle bei mir, darunter durchaus auch etwas Unbehagen.

Ein Grund dafür ist vielleicht die verblüffende Umkehrung in der Dynamik der Einbürgerung, die die Briefe nahelegen, und die im krassen Gegensatz zur üblichen Rollenverteilung im Einbürgerungsprozess steht. Schließlich verlangt dieser vom Antragsteller normalerweise, zum Bittsteller zu werden, in der Hoffnung, vom Staat anerkannt zu werden, und so den Pass, das »Objekt der Begierde«, zu erhalten.[1] Eine Ablehnung des Antrags kann verheerende, wenn nicht gar tödliche Folgen haben. Kaum verwunderlich also, dass der Antragsteller, falls der aufreibende Prozess ein erfolgreiches Ende nimmt, in den meisten Fällen dankbar und wahrscheinlich nicht wenig erleichtert ist. In meinem Fall jedoch scheint das Verhältnis zwischen Geber und Empfänger verkehrt zu sein. Hier fühlt sich der Geberstaat (beziehungsweise seine Vertreter) geehrt, dass seine Zuwendung angenommen wird. Meine Gönner scheinen fast dankbar dafür zu sein, dass ich ihre Gabe angenommen habe.

1 Hannelore Burger, *Passwesen und Staatsbürgerschaft*. In: Waltraud Heindl / Edith Saurer (Hrsg.), *Grenze und Staat. Passwesen, Staatsbürgerschaft, Heimatrecht und Fremdengesetzgebung in der österreichischen Monarchie 1750–1867*. Wien: Böhlau 2000.

*Verzweiflung*

Ich bin froh, einen österreichischen Pass zu bekommen. Unter den Motiven die zu meinem Antrag führten, spielten wohl familiäre, freundschaftliche, politische (Anti-Brexit) und weniger die (geringen) materiellen Vorteile eine Rolle. Ich kann allerdings nicht behaupten, dass ich den Pass brauche. Auf jeden Fall brauche ich ihn nicht in dem verzweifelten Sinn, in dem meine Großeltern Alice und Heinrich Scheuer Dokumente gebraucht hätten, um 1938 aus Wien zu entkommen.[2] Kurz bevor Österreich in den Abgrund stürzte, schaffte es Heinrich doch irgendwie, einen Pass für seinen Sohn Georg zu beschaffen. Mit seinem neuen Pass reiste Georg – gerade aus dem Gefängnis entlassen, in dem er wegen trotzkistischer Subversion saß – mit seiner Mutter zur tschechischen Grenze. Viele Jahrzehnte später erinnerte er sich an diese Reise: »Der Autobus Wien-Znaim schwankt durch aufgewühltes Land. In den Dörfern steigen betrunkene Bauern ein und verwünschen ›die Juden‹. Auf den Dorfstraßen singen Bauernburschen nationalsozialistische Lieder. Ich vermute zuerst regionale Unruhen, will noch nicht begreifen, dass Österreichs letzte Stunde schlägt. Unser Wagenlenker bleibt oft lang in Wirtshäusern, um Radiomeldungen zu hören. Schuschnigg hat abgedankt: ›Gott schütze Österreich!‹ Der deutsche Einmarsch steht bevor. Juda verrecke, brüllt ein Betrunkener, der einige Kilometer mit uns fährt. Ich beruhige meine Mutter mit leisen Worten [...] Juda verrecke, grölt er wieder und steigt im nächsten Dorf mit anderen Burschen aus. Die Grenze ist nahe. Außer uns will an diesem Abend hier niemand mit diesem Bus das Land verlassen. Am Grenzübergang stehen noch österreichische Zollbeamte und Gendarmen. Der Anschluss hat Niederösterreich noch nicht erreicht [...] Der Beamte grübelt, blättert. Schließlich telefoniert er mit seinem Vorgesetzten. Am anderen Ende antwortet eine Stimme, ich höre sie, verstehe sie aber nicht. Gut, sagt der Grenzbeamte und legt den Hörer auf. Gut, das kann alles bedeuten und nicht unbedingt Gutes. Wir haben keine Regierung mehr, also fahren Sie. Die alte Autorität ist untergegangen. Die neue noch nicht eingerichtet. Ein Vakuum von einigen Stunden. Vielleicht nur einigen Minuten. Wir rollen schon auf tschechoslowakischem Boden.«

Bald darauf beschloss Alice jedoch, nach Wien zurückzukehren. Georg erinnerte sich später an ihr letztes Treffen in Znaim (Znojmo): »Der Vater sei krank und ihr Platz sei dort in Wien, bei ihm, und es gebe keine andere

2 Robert Knight, *Wer waren Heinrich und Alice Scheuer? Erkund(ig)ungen eines Enkelkindes.* In: *S.I.M.O.N* (Wiener Wiesenthal Institut für Holocaust-Studien), Nr. 2017/2 (CTT_Knight01.pdf).

Lösung. Meine Schwester werde auch bald ins Ausland kommen, die Kinder müssten weg. Die Alten seien schon zu alt, und man würde sie in Frieden lassen. Ich solle auf mich achten und ihr verzeihen. Hatte ich am Znaimer Bahnhof geahnt, dass ich sie zum letzten Mal umarmte und wir uns nie mehr sehen würden? Ich versuche, sie mir im Geiste noch einmal vorzustellen, die weißhaarige Frau auf dem Bahnsteig. Sehe sie winken und winken und sie wird immer kleiner, bis sie im Dampf der Lokomotive verschwunden ist …«[3]

Das Wien, in das Alice zurückkehrte, war, wie Zuckmayer formuliert hat, ein »Hexensabbat des Pöbels und Begräbnis aller menschlichen Würde«.[4] Ihr Mann Heinrich wurde von seiner Stelle bei der staatlichen Presseagentur Amtliche Nachrichtenstelle (heute APA / Austria Presse Agentur) fristlos entlassen. Dann wurden Heinrich, Alice und ihre Tochter Rose (meine Mutter) auch aus ihrer Wohnung im Gemeindebau im dritten Bezirk vertrieben. Vor dem Hintergrund der aufgeheizten, von Hass geprägten Stimmung wirkt die zurückhaltende Sprache des Nazi-Zellenleiters im Bericht an seine Vorgesetzten fast bizarr: Scheuer sei »im Hause als ruhiger Mensch bekannt, soll Jüdischer Abstammung sein nach Angaben der Portierin, kann somit nicht für uns gewesen sein«.[5]

Unmittelbar nach dem Novemberpogrom wandte sich Heinrich an seinen ehemaligen Arbeitgeber (inzwischen in die Deutsche Presse Agentur integriert). Er bat geradezu flehentlich um Rat und fragte hilfesuchend, »ob Sie mir eine Auswanderung raten können, die freilich nur unter Verzicht auf die in voller Dienstzeit erarbeitete Pension möglich sein dürfte«.

Am Ende seines Gesuchs formulierte er sein Entsetzen über die Aussicht, in ein »Ghetto« ziehen zu müssen: »Ich möchte […] Sie, sehr geehrter Herr Direktor, heute auch fragen, ob Sie mir [zu einem Antrag auf einen Pass] raten können und ob Sie ein eventuelles Gesuch […] befürworten würden. Ich würde dann diesen Schritt tun, um für den Fall der Anordnung einer sofortigen Auswanderung oder für den Fall, als ich die Möglichkeit einer Einreise in irgendein Land habe, wenigstens sofort den hiesigen Pass für mich und meine Frau in Händen zu haben. Ich möchte jedenfalls irgendwie vorbereitet sein, denn wenn ich jetzt wieder meine Wohnung verliere und in ein Ghetto ziehen soll oder Wohnbezirk, dann möchte ich nicht mehr im Lande

3 Georg Scheuer, *Nur Narren fürchten nichts. Szenen aus dem dreißigjährigen Krieg 1915–1945*. Wien: Verlag für Gesellschaftskritik 1991.

4 Carl Zuckmayer, *Als wär's ein Stück von mir. Horen der Freundschaft*. Frankfurt: Fischer 1966.

5 Politisches Gutachten, Julius Ragogner (Zellenleiter der Ortsgruppe Reisnerstrasse), 12. Juli 1938, Persönliches Archiv RK.

bleiben, dessen alter Kultur ich so viel zu verdanken habe. Verzeihen Sie bitte, sehr geehrter Herr Direktor, wenn vor Torschluss ein so langes Schriftstück in Ihre Hand kommt und bedenken Sie, es kommt von einem, dem in diesen Tagen der Mund verschlossen bleibt, weil er nur Schmerzliches zu berichten wüsste, von Ihrem sehr ergebenen, Heinrich Scheuer.«[6]

Auch wenn sich Heinrich sicherlich die Ungeheuerlichkeit der »Ghettos«, die bald als Sammelstellen für den Holocaust eingerichtet werden sollten, nicht hat vorstellen können, erfüllte ihn die Vorstellung einer Rückkehr in »ein Ghetto« offensichtlich mit Entsetzen. Vielleicht war er dabei beeinflusst von Heinrich Graetz' Darstellung der jüdischen Geschichte als einem Narrativ der hehren Geistigkeit angesichts der Verfolgung.[7] Vermutlich wurde seine Sichtweise durch die Geschichte seines Heimatdorfs Schaffa (Šafov) in Südmähren geprägt, wo sich Juden nach ihrer Vertreibung aus Wien im Jahr 1670 niedergelassen hatten. Er wusste von der verordneten »Separierung« (1728), die Juden in eigenen Vierteln versammelte, vorgeblich um zu verhindern, dass sie Gottesdienste störten oder verunglimpften. Juden, die die Synagoge besuchten, durften nicht mehr über den Christenplatz gehen, Fenster wurden zugemauert, damit sie von der Kirche aus nicht gesehen werden konnten.[8] Er wusste auch, wie sich in der Periode liberaler Emanzipation neue Möglichkeiten eröffneten. So wurde der Familie Scheuer gestattet, ihr Geschäft in das Dorfzentrum zu verlegen.[9]

Anders als sein älterer Bruder Siegfried, der im Dorf blieb, das Familiengeschäft übernahm und Kultusvorsteher wurde, hatte Heinrich als junger Mann mit der jüdischen Observanz gebrochen, wenngleich die Bücher, die von ihm erhalten sind, darauf hindeuten, dass sein Bruch mit dem Judentum vielleicht weniger vollständig war, als er selbst glauben wollte.[10] Zu seiner Bibliothek gehörten Moses Mendelssohns *Brautbriefe,* fünf Bände

6 Heinrich Scheuer an den (provisorischen) Direktor, 18. November 1938, ÖStA, AdR, Amtliche Nachrichtenstelle Nachrichtenstelle in Liquidation, 1/1a 1362.

7 Band zwei von Heinrich Graetz' *Volkstümliche Geschichte der Juden* (Wien: R. Löwit ca. 1920) fand sich unter den erhaltenen Büchern von Heinrich Scheuer.

8 Anna Maria Drabek, *Das Judentum der böhmischen Länder vor der Emanzipation*. In: Dies. / Mordechai Eliav / Gerald Stourzh (Hrsg.), *Prag, Czernowitz, Jerusalem. Der österreichische Staat und die Juden vom Zeitalter des Absolutismus bis zum Ende der Monarchie*. Eisenstadt: Roetzer 1984.

9 D. Alt, *Geschichte der Juden in Schaffa*. In: Hugo Gold (Hrsg.), *Die Juden und Judengemeinden Mährens in Vergangenheit und Gegenwart*. Brünn: Jüdischer Buch- und Kunstverlag 1929.

10 Vgl. Steven Beller, *Wien und die Juden 1867–1938*. Aus dem Englischen von Marie Therese Pitner. Wien: Böhlau 1993.

von Spinozas *Sämtlichen Werke* (Stuttgart 1841), aber auch Otto Weiningers *Geschlecht und Charakter* von 1903. Literatur, die auf ein zionistisches »Weg aus dem Ghetto« hinwies, war kaum vertreten.[11] Andere Bücher lassen sein breites Interesse an Kultur und Religion erkennen: das Lukas-Evangelium und eine Predigt über das Fasten des frühen protestantischen Reformators Heinrich von Kettenbach; Herbert Eulenberg, *Germanische Religion. Eine Laienpredigt*; Max Stirners anarchistisch-individualistisches Werk *Der Einzige und sein Eigentum.* Auch einen Blick über die Grenzen Europas gibt es: Eine Buddha-Biografie steht neben einer deutschen Übersetzung des Koran aus dem Jahr 1853.

Was auch immer dieser Eklektizismus bedeuten mag, es ist klar, dass für Heinrich das »Ghetto« im Gegensatz zur Welt der Bildung stand, in der er sich – wie so viele andere assimilierte Wiener Juden – zuhause fühlte.[12] Der Zusammenbruch dieser Welt wird durch die schroffe Erwiderung auf seine verzweifelte Bitte bestätigt: »Scheuer. Die in Ihrem Schreiben vom 18.d.M. aufgeworfenen Fragen betreffend Ihre Auswanderung finden zum Teil ihre Beantwortung in einem im ›Völkischen Beobachter‹ vom 20. November 1938 erschienenen Artikel«. Die Schlagzeile proklamierte: »Alles, um sie loszuwerden: Handwerkerschulen, Sportvereine und Umschulungsgüter für Juden«.

Eine Flucht aus Wien aber erwies sich für Heinrich und Alice als unmöglich. Von einem armseligen Quartier ins nächste verfrachtet, landeten sie schließlich in einer Sammelwohnung in der Leopoldstadt.[13] Meine Mutter hingegen war im September 1938 mit einem Visum als Hausgehilfin vom Westbahnhof aus nach England gereist. In Aachen, dem letzten Bahnhof auf deutschem Boden, erklang der Ruf »Emigranten raus!« – ein letzter Versuch der Einschüchterung und Demütigung. Rose, mutig oder waghalsig, blieb sitzen.

Von London aus konnte Rose nur zusehen, wie die Nachrichten aus Wien immer schlechter wurden. Als sie sich Ende 1938 mit der Bitte um Hilfe an Stefan Zweig wandte, muss sie geahnt haben, dass dies wenig Aussicht auf Erfolg hatte. Heinrich hatte vor dem Ersten Weltkrieg kurz als Zweigs Assistent gearbeitet. Doch fast dreißig Jahre später konnte auch Zweig, selbst zunehmend verzweifelt, nicht helfen.

11 Vgl. Ritchie Robertson, *The »Jewish Question« in German Literature 1749–1939. Emancipation and its Discontents.* Oxford University Press 1999.

12 Christine Schindler / Wolfgang Schellenbacher (Hrsg.), *Delogiert und ghettoisiert. Jüdinnen und Juden vor der Deportation.* Wien: Dokumentationsarchiv des österreichischen Widerstandes 2022.

13 Georg Scheuer, *Delogiert, deportiert, ermordet.* In: Herbert Exenberger / Johannes Koß / Brigitte Ungar-Klein, *Kündigungsgrund Nichtarier: die Vertreibung jüdischer Mieter aus den Wiener Gemeindebauten in den Jahren 1938–1939.* Wien: Picus 1996.

Heinrich und Alice waren »staatenlos«, als sie im Mai 1942 am Wiener Aspangbahnhof in den Zug verladen wurden. Die Elfte Verordnung zum Reichsbürgergesetz vom 25. November 1941, die ihnen die Staatsbürgerschaft entzog, war nach Hannelore Burger »ein Mordinstrument, genauso wie die Gaskammern, die zu jenem Zeitpunkt gerade in ›Probebetrieb‹ gingen. Sie steht exakt am Wendepunkt von einer Politik der Vertreibung zu einer Politik der Vernichtung der Juden. Sie steht im Horizont der ›Endlösung‹ – und sie bereitet diese vor.«[14] Auf dem letzten Abmeldeformular hatte Alice ihren Mädchennamen mit »Minsk« angegeben. War diese falsche Angabe ein letztes verzweifeltes Signal an später Suchende? Oder zeigte sich darin ein letzter Funke Hoffnung, dass sie und Heinrich doch noch überleben könnten?

### *Pazifismus*

Im selben Jahr, in dem Heinrich und Alice Scheuer deportiert und ermordet wurden und Zweig und seine Frau Lotte in Brasilien Selbstmord begingen, lernte Rose den einundzwanzigjährigen Studenten Kenneth Knight in einem internationalen Studentenclub in London kennen. Kenneth studierte Deutsch und Französisch, hatte als »Conscientious Objector« eine »vorbehaltliche Freistellung vom Kriegsdienst«. Das bedeutete, dass er zunächst als Forstarbeiter und dann als Feuerwehrmann in einer Pumpstation an der Themse arbeiten musste. Als das Kriegsende näher rückte, lehnte er die These Robert Vansittarts, die Deutschen seien »von Natur aus schlechter als andere Nationen« und die Briten ihnen moralisch überlegen, entschieden ab. Er ging vielmehr davon aus, sie seien »mit ebenso viel Potenzial für Gutes und Böses ausgestattet wie der Rest der Menschheit«. Er zweifelte nicht daran, dass »viele der Gräueltaten tatsächlich verübt worden waren«, befürchtete jedoch, dass sie von der Presse dazu benutzt wurden, »den Feind unwiderruflich zu ächten«, was eine »gemilderte Umkehrung von [Alfred] Rosenbergs Thesen war, die Nationalstolz und Vorurteile« bediente.[15]

Im Frühjahr 1945 wurde Kenneth einem Hilfsteam des Roten Kreuzes zugeteilt, zunächst in Holland, dann in der britischen Zone Deutschlands. Seine kleine Einheit arbeitete hauptsächlich mit polnischen Waisenkindern. Er wollte aber »das andere Deutschland« finden. Das wurde durch das »Fraternisierungsverbot« erheblich erschwert. Hätte er unbeschränkt mit Deutschen

14 Hannelore Burger, *Heimatrecht und Staatsbürgerschaft österreichischer Juden vom Ende des 18. Jahrhunderts bis in die Gegenwart*. Wien: Böhlau 2013.

15 Kenneth Knight, *We have learnt something – and forgotten something*. Unveröffentlichter Aufsatz. Persönliches Archiv. – Alle Übersetzungen durch den Autor.

in Kontakt treten können, so glaubte er, hätte sich herausgestellt, »wie ähnlich sie anderen Menschen auf der ganzen Welt sind, wie wenig die meisten von ihnen von den Schrecken der Konzentrationslager wussten, so wie wir nichts von den glass-houses [britischen Militärgefängnissen] der Armee und der Einzelhaft wissen (die natürlich in nichts mit Belsen vergleichbar sind. Es ist lediglich der Versuch einer Parallele). Die Gräueltaten und die grausame Behandlung vieler Lagerinsassen sind verbürgt; aber ich bin sicher, dass sie die Taten einer Minderheit von Verbrechern waren, die ihre Aufgabe mit offizieller Rückendeckung erfüllten.«[16]

Man mag dies heute für naiv halten, doch fand er sich darin bestätigt, als er eine Aufführung von Lessings philosemitischem Stück *Nathan der Weise* in Braunschweig besuchte, auch wenn er mit den deutschen Zuschauern nicht sprechen durfte: »Es hätte mich genauso interessiert, mit dem Publikum zu sprechen wie das Stück selbst zu sehen, denn es handelt sich um ein Stück aus dem 18. Jahrhundert, das den Idealismus des 18. Jahrhunderts in Bezug auf Menschlichkeit und das Miteinander unabhängig von Glaubensbekenntnis oder Nationalität abbildet, – die Brüderlichkeit der Menschen usw. Es ist ein wenig tendenziös und moralisierend, aber es hat mir gefallen. Besonders hat mir gefallen, dass das deutsche Publikum über eine der Figuren (einen Tempelritter), die mit großer Überzeugung typisch nationalsozialistische Rassenvorstellungen zum Ausdruck brachte, gelacht hat. Ich glaube, viele Deutsche schämen sich für das, was Hitler und die Nazis den Juden angetan haben, dass sie den Rassenfanatiker auf der Bühne als solchen erkannt und ihn ein wenig lächerlich gefunden haben, gab mir ein wenig Hoffnung, dass den schrecklichen Auswirkungen der nationalsozialistischen Erziehung noch entgegengewirkt werden kann – was auch nötig ist.«[17]

Ken glaubte fest an das Gute im Menschen. Vielleicht war er geneigt, eher nach Beweisen dafür zu suchen, als dem Bösen ins Gesicht zu sehen. Ein halbes Jahr nach dem Theaterbesuch reiste er nach Wien, um Nachforschungen über Roses Eltern anzustellen. Er berichtete nach Hause, dass er »alle Orte, die sie kannte, erkundet, ihr altes Haus gesehen, ihre Schule, den Arbeitsplatz des Vaters besucht hatte [...] Von Roses Eltern fehlt jede Spur, seit vier Jahren hat niemand etwas von ihnen gehört. Ich habe alle möglichen Nachforschungen angestellt, aber alle Hoffnung ist vergeblich. Nun erst ist mir das ganze Ausmaß des Terrors bewusst geworden. Zu wissen, dass nur 3500 von den ehemals 200 000 Wiener Juden überlebt haben [...] Roses Vater muss ein angesehener, kultivierter und hilfsbereiter Mann gewesen sein [...] Ich habe

16 Brief von Kenneth Knight an die Familie vom 7. Juni 1945.

17 Brief von Kenneth Knight an die Familie vom 27. Januar 1946.

mit ein oder zwei Leuten über ihn und seine Frau gesprochen, und alle sagen, was für wirklich *gute* [im Original doppelt unterstrichen] Menschen sie waren. Sie halfen in Not geratenen Menschen und scheuten keine Mühe, andere zu unterstützen. Es ist eine Tragödie, dass solche Menschen leiden mussten und vielleicht sogar getötet wurden. Neulich fiel mir ein Buch in die Hände, das Rose von ihrem Vater geschenkt bekommen hatte. Die Widmung darin lautet: ›meinem lieben und vielbelesenen Kind Roserl‹. Fila, ihre Freundin, erzählte mir, dass der Vater Tränen in den Augen hatte, als er Rose auf ihrem Weg nach England zum Bahnhof begleitete und sagte: ›Ich habe das Gefühl, dass ich sie zum letzten Mal sehe.‹«[18]

Obwohl Ken sich des Ausmaßes des Massenmords durch die Nazis sehr wohl bewusst war (der Begriff »Holocaust« war damals noch nicht gebräuchlich), betonte er, dass dies »an meinem Pazifismus nichts ändert, denn ich weiß, dass Krieg nur den einen Teufel austreibt, um einen anderen hereinzulassen«. In diesem Zusammenhang verwies er auf die 200 000 Frauen, die seit der »Befreiung« [Kens Anführungszeichen] Wiens durch die Rote Armee vergewaltigt worden waren.

### *Opfergemeinschaft?*

Aus Wien berichtete Ken auch, dass Roses frühere Freundinnen »viele ihrer Sachen für sie aufbewahrt hatten, für den Fall, dass sie zurückkommen wollte, was sie tatsächlich immer noch glauben, aber was natürlich nicht in Frage kommt«. Eine Rückkehr hatte sie – soweit ich weiß – nie in Betracht gezogen. Aber selbst dann bedeutete die restriktive österreichische Gesetzgebung zur doppelten Staatsbürgerschaft, dass sie jede Aussicht auf die Wiedererlangung ihrer österreichischen Staatsbürgerschaft verloren hatte, als sie durch Heirat britische Staatsbürgerin geworden war.

Erst im hohen Alter sprach Rose ein wenig über ihre »wunderbaren Eltern«. Und erst im Nachhinein kann ich einschätzen, welche seelische Belastung es für sie gewesen sein muss, als ihr im Laufe der Zeit klar wurde, dass sie sie nie wieder sehen würde. Hin und wieder kamen schmerzhafte Schuldgefühle zum Vorschein. Zum Beispiel als ihr Bruder Georg, der im Untergrund in Frankreich überlebt hatte, seine Memoiren schrieb. Darin gab er zu verstehen, dass Illusionen über das Nazi-Regime, denen sein Vater – im Gegensatz zu ihm – erlegen war, einen wesentlichen Anteil an ihrem Schicksal hatte:

18 Brief von Kenneth Knight an Jack, Elizabeth und Kathleen Knight vom 30. Mai 1946. Bei dem Buch handelte es sich um Anton Gabele, *Im Schatten des Schicksals*. Berlin: Deutsche Buchgemeinschaft 1930.

»Als österreichischer Staatsbürger und Staatsbeamter während drei Regimes (Monarchie, Republik, Ständestaat) war er fest überzeugt, ihm und meiner Mutter könne auch unter dem Hitlerregime nichts geschehen: Nur die Kinder sollen weg. Mehrere Möglichkeiten zur Emigration ließ er ungenützt.«[19] Roses Kommentar am Rande: *Blödsinn*.

Ich kann meine Mutter nicht postum einer Psychoanalyse unterziehen – und würde es auch nicht tun, selbst wenn ich könnte. Zurückzublicken war für sie fraglos zu schmerzhaft. Vielleicht konnte oder wollte sie auch nicht akzeptieren, dass die ihr von den Eltern vermittelten humanitären Werte so rasch und brutal hinweggefegt hatten werden können. Ihr lebenslanger Kampf für den Frieden, in einer Zeit, in der die Welt am Rande eines nuklearen Armageddon stand, befriedigte wohl auch ein tiefes seelisches Bedürfnis. Jedenfalls demonstrierte sie noch in den 1980er Jahren gegen die Stationierung von US-Mittelstreckenraketen in Greenham Common.

Kens Pazifismus war eng mit seinem Studium der deutschen Literatur verbunden, insbesondere mit Grimmelshausen und Moscherosch und deren Verurteilung des Wahnsinns des Dreißigjährigen Krieges. Er sprach sich gegen den Koreakrieg und die westdeutsche Wiederaufrüstung aus und beteiligte sich Anfang der 1960er Jahre als Mitglied der Fellowship of Reconciliation an einem Versöhnungsprojekt zwischen Coventry und Dresden. Die Organisatoren sahen darin ein »öffentliches Zeichen der Reue für dieses ungeheuerliche Geschehen« und »eine Geste der Versöhnung und des Friedens«. Dabei war ihnen daran gelegen, »sich im Zuge des ›Kalten Krieges‹ weder von der einen noch von der anderen Seite politisch instrumentalisieren zu lassen«. Die »Dresdener Pilgerfahrt« in St George's German Lutheran Church in Aldgate, London, wurde von Pastor Winfried Maechler, einem Mitglied der Bekennenden Kirche, geleitet, und Paul Oestreicher, ein prominenter Friedensaktivist und Nazi-Flüchtling, hielt eine Rede.

Weil meine Mutter so vieles verschwieg, wuchsen meine Schwestern und ich nicht im Schatten ihrer Trauer auf. Der Tod war bei uns nicht »lebendig und gegenwärtig«.[20] Erst in den 1970er Jahren, als ich in Westdeutschland lebte, sprach sie über den Tod ihrer Eltern. Kurz danach fragte mich mein Onkel Georg etwas irritiert: »Hat deine Mutter dir nicht gesagt, dass unsere Eltern jüdischer Herkunft waren?« Seine Mitteilung muss mich damals überrascht haben, da ich mich nicht erinnern kann, erschüttert oder aufgewühlt

19 Georg Scheuer, *Redakteur Heinrich Scheuer: Entlassung, Ausgrenzung, Delogierung, Deportation, Ermordung*. In: *Medien und Zeit*, Nr. 9/4, 1994.

20 Anne Karpf, *Der Krieg danach. Leben mit dem Holocaust*. Berlin: Ullstein 1998.

gewesen zu sein. Ich zögere auch, darin eine »Quest-Erzählung«[21] oder den Anfang einer »Heim-Reise« zu sehen.[22]

Ich stehe auch dem Konzept einer »Opfergemeinschaft« (oder eines »Opferkollektivs«) eher skeptisch gegenüber, das in Deutschland und Österreich so viele Diskussionen durchzieht. Fragwürdig scheint mir die Gegenüberstellung zweier eindeutig voneinander abgrenzbarer Kollektive: auf der einen Seite ein deutsches (oder österreichisches) Täterkollektiv und auf der anderen Seite ein jüdisches Opferkollektiv. Die Opfer des Holocaust – darauf wird zu Recht immer wieder aufmerksam gemacht – besaßen eine Vielzahl von Identitäten und waren unterschiedlichen Weltanschauungen und Werten verpflichtet; sie verkörperten auch verschiedene Strömungen des Judentums, darunter säkulare sowie atheistische Juden wie auch jene, die sich nicht als Juden verstanden. Wenn uns diese Menschen als eine Einheit erscheinen, dann vor allem deshalb, weil der Völkermord der Nazis sie zu einer Einheit gemacht hat.

Problematischer erscheint mir der darauf basierende, weitergehende Schritt, die Opfer des Holocaust – unabhängig von ihrem Glauben, ihrer Identität und ihrem Selbstverständnis – als Legitimation des Staates Israel und der Politik seiner Regierungen zu benutzen. Das Konstrukt der Opfergemeinschaft basiert dabei weitgehend auf dem Konzept eines »kollektiven Traumas«. So wurde der Holocaust einige Jahrzehnte nach der Gründung des Staates Israel zu einem zentralen Element seiner kollektiven Identität. In den 1990er Jahren urteilte der Journalist Thomas L. Friedman, dass er »auf dem besten Weg ist, das bestimmende Merkmal der israelischen Gesellschaft zu werden«.[23] Doch wie der Soziologe Jeffrey C. Alexander darlegt, werden »Traumata [...] nicht aufgedeckt, sie werden geschaffen«. Das von Alexander beschriebene »Traumadrama« wird vom Staat Israel über seine Infrastruktur und seine Institutionen aufrechterhalten und gepflegt. Alexander: »Der israelische Staat, auf den Blutopfern seiner mutigen, aber oft auch gefährlich aggressiven Armee gebaut, ehrte seine Soldaten-Märtyrer und schrieb die durch das Trauma inspirierte Lehre, dass nur militärische Stärke eine erneute Verunreinigung [defilement] der Juden verhindern könne, in das historische Gedächtnis ein.«[24]

21 Vgl. Victoria Aarons / Alan L. Berger, *Third-Generation Holocaust Representation. Trauma, History, and Memory.* Evanston: Northwestern University Press 2017.

22 Janet Jacobs, *The Holocaust Across Generations. Trauma and Ist Inheritants Among Discendance of Survivors.* New York University Press 2017.

23 Thomas L. Friedman, *Von Beirut nach Jerusalem: Erfahrungen im Nahen Osten.* Aus dem Amerikanischen von Till Lohmeyer und Christel Rost. Rastatt: Moewig 1990.

24 Jeffrey C. Alexander, *Trauma. A Social Theory.* Cambridge: Polity 2012; vgl. auch Tom Segev, *Die siebte Million. Der Holocaust und Israels Politik der Erinnerung.* Übersetzt von Jürgen Peter Krause. Hamburg: Rowohlt 1995.

Dies steht im Gegensatz zu den ersten Jahrzehnten Israels, in denen sowohl die Opferperspektive als auch die Opfererfahrung eher marginalisiert wurden. Wie Idith Zertal, eine der prominentesten kritischen Historikerinnen Israels, erklärt, feierte das zionistische Ethos, das dem israelischen Staat bei seiner Gründung zugrunde lag, »fast ausschließlich die Ghetto-Kämpfer und Partisanen [...] Es war die Zeit der Helden, nicht der Opfer«. Sie führt dieses Ethos bis auf die Zeit vor der Gründung Israels zurück, zeigt aber, wie im Laufe der folgenden Jahrzehnte das Opferdasein im Holocaust zur Basis israelischer Außenpolitik geworden ist und stets zur Legitimation für »präventive« Maßnahmen herangezogen wird, die weit über die Selbstverteidigung hinausgehen.[25]

Ein zweiter wesentlicher Aspekt im Konstrukt der Opfergemeinschaft erscheint mir ebenfalls zweifelhaft, und zwar die Vorstellung, dass ein Trauma von einer Generation an die nächste weitergegeben wird beziehungsweise werden kann. Ein einschlägiges Beispiel für diese Auffassung von Opfergemeinschaft ist das »Second Generation Movement« in den USA und zum Teil auch in Großbritannien (inzwischen auch »Third Generation«). Die Wurzeln dieser Bewegung lassen sich bis in die 1970er Jahre zurückverfolgen, als Helen Epsteins bahnbrechende Untersuchung *Children of the Holocaust* (1979) die verdrängten Erfahrungen von Kindern beleuchtete, die in Familien von Holocaust-Überlebenden aufgewachsen waren.[26] Seitdem »hat sich der Holocaust tief in unser gegenwärtiges moralisches und emotionales Bewusstsein eingegraben.«[27] Es mehrten sich die Berichte von Kindern und Enkelkindern von Holocaust-Opfern und Überlebenden, und zwar so sehr, dass sie ihrerseits zum Gegenstand umfangreicher Analysen und vielfältiger Erklärungsmodelle geworden sind: So sah zum Beispiel Arlene Stein in der »zweiten Generation« eine Art soziale Bewegung und argumentierte, dass ihr psychoanalytischer Ansatz ein frühes Beispiel für einen umfassenderen kulturellen Wandel sei, der dazu führte, dass die Kinder und Kindeskinder von Überlebenden eher zu einer Therapie gingen oder über psychische Probleme sprachen als ihre Eltern, die das ursprüngliche Trauma erlebt hatten.[28]

25 Idith Zertal, *From Catastrophe to Power. Holocaust Survivors and the Emergence of Israel.* Berkeley: University of California Press 1998.

26 Helen Epstein, *Die Kinder des Holocaust. Gespräche mit Söhnen und Töchtern von Überlebenden*. Deutsch von Christian Spiel. München: Beck 1987.

27 Steven E. Aschheim, *The (Ambiguous) Political Economy of Empathy*. In: Aleida Assmann / Ines Detmers (Hrsg.), *Empathy and its Limits*. Basingstoke: Palgrave Macmillan 2016.

28 Arlene Stein, *Reluctant Witnesses. Survivors, Their Children, and the Rise of Holocaust Consciousness*. Oxford University Press 2016.

In einer der eindringlichsten Beschreibungen stellt Eva Hoffman dar, wie die »zweite Generation«, die wie sie mit dem Gefühl aufgewachsen war, der Holocaust sei noch immer gegenwärtig und real, zu einem anerkannten, selbstbewussten »Subjekt« wurde. Sie schreibt über das erdrückende Gefühl der Verpflichtung gegenüber den Millionen von Ermordeten. Ihre eigenen Eltern hatten, wie durch ein Wunder, versteckt auf einem Heuboden im besetzten Polen überlebt. Sie hatte das Gefühl, »die Bürde des bedrückenden Wissens, das mir von meinen Eltern aufgeladen worden war, nicht nur tragen, sondern sorgfältig bewahren und darauf zu achten zu müssen, dies konservierte Wissen gänzlich unverändert weiterzugeben«.[29] Den Begriff der »zweiten Generation« sieht Hoffman allerdings »mit einer gewissen Skepsis« angesichts der Heterogenität der Menschen, die er auf diesen Nenner zu bringen versucht.

Auch in der Traumaforschung wird über intergenerationale Weitergabe von Trauma kontrovers diskutiert. Die prominente Kinderpsychiaterin Eva Fogelman warnt davor, Schlussfolgerungen aus Daten zu ziehen, die auf Krankenakten von Patienten basieren, die sich bereits in psychiatrischer Behandlung befanden, denn diese »verzerrte Stichprobe« (»skewed sample«) könnte die Ergebnisse verfälschen. Es sei an der Zeit, diese abgedroschene Phrase in Pension zu schicken. Fogelmans Schlussfolgerung ist prägnant und in Ansätzen sogar optimistisch:[30] Traumata können nicht auf andere übertragen werden. 3Gs erleben keinen Nazi-Rassismus oder Völkermord. Was an 3Gs weitergegeben wird, sind Werte, Weltanschauung, familiäre Interaktion und Liebe – nicht Traumata.

Es fällt mir nicht leicht, eine moralische Rechtfertigung dafür zu finden, einen Vorteil – und sei er auch materiell unbedeutend – daraus zu ziehen, dass meine Großeltern zusammen mit unzähligen anderen Menschen ein Jahrzehnt vor meiner Geburt grausam und sinnlos ermordet wurden.

Eine, wenn auch unzureichende, könnte ich vielleicht in Bürgermeister Ludwigs Begrüßungsschreiben finden, in dem er mich einlädt, »als österreichischer Staatsbürger [...] aktiv über die Zukunft des Landes mit[zu]bestimmen«. Das hieße zuerst einmal, die Klischees aufgeben, die auch viele Diskussionen über »Neo-Österreicher« durchziehen, und der aktuellen österreichischen Politik, einschließlich den dunkleren Seiten, an denen es nicht mangelt, mehr Aufmerksamkeit zu schenken. Aber es kann auch bedeuten,

29 Eva Hoffman, *After Such Knowledge. A Meditation of the Aftermath of the Holocaust.* London: Martin Secker & Warburg 2004.

30 Eva Fogelman, *Third Generation of Jewish Holocaust Survivors.* 2008 (evafogelman.com/publications/third-generation-of-jewish-holocaust-survivors/).

die historischen Ereignisse, die überhaupt erst zum Angebot meiner neuen, zweiten Staatsbürgerschaft geführt haben, ernst zu nehmen und dabei deren aktuelle Resonanzen weit jenseits der österreichischen Grenzen zur Kenntnis zu nehmen.

1982 schaltete sich meine Mutter in für sie äußerst ungewöhnlicher Weise in die öffentliche Diskussion ein und nahm in einem Leserbrief Bezug auf das Schicksal ihrer Eltern. Nach den Massakern in den Flüchtlingslagern Sabra und Schatila protestierte sie dagegen, dass der »elende Tod« ihrer Eltern als Rechtfertigung für die Grausamkeiten der Gegenwart herangezogen werde. Ich weiß nicht mehr genau, was diesen Brief auslöste, aber er richtete sich eindeutig gegen Rechtfertigungsversuche der israelischen Armee, die die Augen verschlossen hatte vor den Massakern an palästinensischen Zivilisten, die von christlichen Milizen in Beirut verübt worden waren.

Ob meine Mutter sich dessen bewusst war oder nicht, ihr Einwand stand dem kritischen Lager des Judentums durchaus nahe, das zwar marginalisiert, aber keineswegs zum Schweigen gebracht worden ist. Saul Friedländer griff dies auf, als er fragte: »Wie kann die Erinnerung an die Shoah uns nicht ständig daran erinnern, dass es keine höhere Pflicht gibt, als die Würde, die Freiheit und das Leben des Menschen zu achten?«[31] Seine Frage findet auch eine Antwort in den Memoiren des palästinensischen Philosophen und Wissenschaftlers Sari Nusseibeh, der eine Art gedankliche Brücke zwischen den antisemitischen Horror in Wien nach dem Anschluss und den heutigen Schrecken des Israel-Palästina-Konflikts schlägt. Als er eines Tages ein Buch über zwei außergewöhnliche Philosophen jüdisch-wienerischer Herkunft las, stieß er »auf Passagen über die antisemitische Hetze in den Dreißigerjahren. Dabei konnte ich sehr gut das lähmende Gefühl von Bedrohung und Terror nachvollziehen, dass die beiden Männer angesichts all der Probleme mit den Behörden, mit Aufenthaltsgenehmigungen, Reisedokumenten, kleinkarierten Beamten, Enteignungen und anderen Demütigungen bedrückte. Es erinnert mich an meine Familie nach 1947. Ich war mir stetes der harten Tatsachen des europäischen Antisemitismus bewusst gewesen, der zur Barbarei und Judenvernichtung geführt hatte. Aber was bislang für mich nur Fakten gewesen waren, verknüpft sich nun mit Emotionen. Durch die Erzählung der beiden Wiener Philosophen hatte ich Einblick in ihr Schicksal, der mein Mitgefühl weckte.«[32]

31 Saul Friedländer, Nachwort in Efraim Sicher (Hrsg.), *Breaking Crystal. Writing and Memory after Auschwitz*. Urbana: University of Illinois Press 1998.

32 Sari Nusseibeh mit Anthony David, *Es war einmal ein Land. Ein Leben in Palästina*. Übersetzt von Gabriele Gockel u.a. München: Antje Kunstmann 2008 (*Once upon a Country. A Palestinian Life*. New York: Farrar, Strauss and Giroux 2007).

In der heutigen Kakophonie des Hasses, wo es manchmal den Anschein hat, dass Empathie jenseits der jeweiligen Opfergemeinschaft verschwindet, erscheint bereits die Suche danach leicht als Donquichotterie.[33]

33 Vgl. Carolyn J. Dean, *The Fragility of Empathy after the Holocaust*. Ithaca: Cornell University Press 2004.

## Entfesselte Exekutive

*Was Trump (für postliberale amerikanische Juristen) rechtfertigt*

*Von Jan-Werner Müller*

Seit zehn Jahren diskutieren wir inzwischen die Frage: Ist Trumpismus eine eigenständige, substanzielle Ideologie? Oder schlicht eine Spielart von Rechtspopulismus, bei der ein für Außenstehende schwer nachvollziehbarer Persönlichkeitskult besonders ausgeprägt ist? Handelt es sich um die systematische Durchsetzung eines Südstaatenrassismus, der nie ganz aus der amerikanischen politischen Kultur verschwunden war, aber scheinbar klar auf der Verliererseite der Geschichte stand? Oder ist Trumpismus vielleicht gar keine Frage von irgendwie gearteten Gesellschafsbildern, sondern ein Set von *Taktiken*, um die Schwächen vieler amerikanischer Institutionen – seien es politische Parteien oder das Mediensystem – gnadenlos auszunutzen?

An all diesen Perspektiven ist etwas dran. Sie erklären aber kaum ein spezifisches Kennzeichen der zweiten Amtszeit Trumps: die enorme Konzentration von Macht in den Händen eines Mannes und das offensichtliche Ende von etwas, auf das sich amerikanische Verfassungsrechtler oft besonders viel einbildeten – die Gewaltenteilung. Resultiert diese Machtballung aus dem rücksichtslosen Vorgehen eines Autokraten in spe, der sich halt beim zweiten Versuch sehr viel geschickter anstellt (und dem diesmal loyale und kompetente Leute zuarbeiten)? Oder gibt es auch einen Plan oder gar eine explizite Rechtfertigung seitens von Rechts- und Sozialwissenschaft? Es gibt sie in der Tat, und wer sie verstehen will, muss die spezifische Ausprägung einer Gedankenströmung verstehen, die sich auch seit gut zehn Jahren auf beiden Seiten des Atlantiks finden lässt: der sogenannte Postliberalismus.

### *Postliberalismus – mehr als kommunitaristische kosmetische Korrekturen am Liberalismus?*

Den postliberalen Auftakt in den USA machte das auch in Deutschland bekannt gewordene Buch des politischen Theoretikers Patrick Deneen.[1] 2018 legte der an der katholischen Universität Notre Dame lehrende Wissenschaftler einen Essay vor, in dem er zu erklären versuchte, warum der

1 In Großbritannien gab es schon etwas früher postliberale Strömungen mit Versuchen, beide große Parteien mehr kommunitaristisch auszurichten (Blue Labour, Red Tories). Mit der Ausnahme John Milbanks spielten allerdings theologische Rechtfertigungen von Postliberalismus kaum eine Rolle; außerdem wandten sich die britischen Postliberalen gegen eine Konzentration von Macht; eher wollten sie Macht auf eine fast schon mittelalterliche Weise differenzieren und dezentralisieren. Wichtige Vertreter dieser Strömung betonten aber auch immer wieder, sie wollten an die besten liberalen Traditionen anschließen – vgl. beispielsweise Adrian Pabst, *Postliberal Politics. The Coming Era of Renewal*. Cambridge: Polity 2021.

Liberalismus gescheitert sei.[2] Die Pointe seiner Antwort: Der Liberalismus sei in gewisser Weise gar nicht gescheitert; die katastrophalen Charakteristika unseres Zeitalters resultierten vielmehr daraus, wie umfassend ihm die Befreiung der Individuen von allen nicht selbst gewählten Zwängen gelungen sei. Deswegen lebten wir heute in einer kulturlosen Welt (Deneen versuchte, den Begriff *anticulture* als Zeitdiagnose zu verbreiten; viel Resonanz erfuhr er nicht). Es gäbe, so Deneens Lamento weiter, keine authentischen Gemeinschaften mehr;[3] außerdem stünden die Einzelnen, statt sich ihrer vom Liberalismus erfochtenen Autonomie zu erfreuen, letztlich schutzlos einem Staat gegenüber, der – und auch das im Namen des Liberalismus – alle verbliebenen nichtliberalen Lebensformen zerstöre.

Bei Deneen fanden sich Gedanken, die jedem, der mit kulturpessimistischen Strömungen im Deutschland des 19. und 20. Jahrhunderts vertraut ist, sattsam bekannt vorkommen mussten; auch viel von dem, worüber Kommunitaristen in den USA während der achtziger Jahre geklagt hatten, wurde recycelt. Ungewohnt – wenn auch nicht ganz neu – war die These, bei Linken und Rechten in den Vereinigten Staaten handele es sich schlicht um unterschiedliche Spielarten von Liberalismus; beide erachteten schließlich Freiheit – sei es Freiheit von Regulierung der Wirtschaft oder Freiheit von kulturellen Fesseln bei der individuellen Selbstverwirklichung – als das höchste menschliche Gut. Auch wenn es wohl kaum das Hauptanliegen des Buches war, offerierte Deneen somit auch eine Version von amerikanischem *exceptionalism*. Der enorm einflussreiche Historiker Louis Hartz hatte bereits in den fünfziger Jahren die These vertreten, die USA, als eine Gesellschaft, in der niemals Feudalismus geherrscht habe, kennten eigentlich nur den Liberalismus; alle Amerikaner seien irgendwie Anhänger von John Locke.[4] Auch wenn Geschichtswissenschaftler diese Erzählung eines *country born liberal* heute mit großer Skepsis sehen: Unter ganz anderen Vorzeichen tischte sie Deneen noch einmal auf.

Am Ende seiner Tirade blieb dem Politischen Theoretiker nur eine defätistische Haltung angesichts der »antikulturellen« Hegemonie – und die Empfehlung, sich in lokale, illiberale Gemeinschaften zurückzuziehen; Hinweise auf Tocqueville und viel amerikanischer Kleinstadtkitsch konnten jedoch kaum davon ablenken, dass eine Art Flucht aufs Land angesichts des vermeintlich allmächtigen, letztlich alles zerstörenden Liberalismus wohl kaum eine effektive Gegenstrategie sein konnte.

Andere Vertreter einer sich nun bewusst »postliberal« nennenden Strömung wollten sich nicht mit einer Art innerer Emigration abfinden. Sie forderten eine strategische nationale Industriepolitik, das Ende von Einwanderung und mehr Beihilfen für Familien – in der Hoffnung, die Republikaner könnten sich zu einer konservativen Arbeiterpartei entwickeln. Dies erklärt auch, warum Postliberale zunehmend Ge-

2 Patrick Deneen, *Why Liberalism Failed.* New Haven: Yale University Press 2018.

3 Wie so häufig bei derlei Rhetorik wurde authentisch mit traditionell gleichgesetzt; alle Bindungen, die keinen konventionellen Schemata entsprechen, müssen dann automatisch als unauthentisch verstanden werden.

4 Louis Hartz, *The Liberal Tradition in America.* New York: Harvest 1991.

fallen am Regime Viktor Orbáns fanden; dieser – so meinten sie – setze die Nation an die erste Stelle, statt sich dem neoliberalen Globalisierungsdruck zu fügen; er fördere mit staatlichen Mitteln konsequent natürliche Gemeinschaften, allen voran die Familie, mit staatlichen Mitteln und halte die Grenzen dicht. Nicht zuletzt entreiße er die Hochschulen und die ganze Bildungspolitik den vermeintlich hegemonialen Linksliberalen – was einmal von dem bekennenden Postliberalen J. D. Vance zum Vorbild für die USA erklärt wurde. Der Einsatz des staatlichen Gewaltmonopols, um illiberale Ideen durchzusetzen, *famille, patrie, travail* – das rechtfertigten die Postliberalen zunehmend, ohne jedoch klar zu sagen, wie weit man die weltanschauliche Neutralität des Staates zugunsten eines kommunitaristischen oder gar eindeutig christlichen Ethos zurückzudrängen gedachte.[5] Es fehlte eine umfassende politische Theorie.

Ein halbes Jahrzehnt nach seinem Überraschungserfolg versuchte sich Deneen an einer. In dem 2023 erschienen *Regime Change* forderte er nun eine konservative Elite auf, beherzt die Macht im Staat zu ergreifen.[6] Sie sollte dies tun zugunsten der vermeintlich einfachen, stets von den liberalen Eliten gegängelten Leute. »Aristopopulismus« taufte Deneen diese Allianz aus konservativen *Aristoi* – also, im ursprünglichen griechischen Sinn, den Besten, die ein Land zu bieten habe – und den *common people*. Letztere wollten eigentlich nur »Stabilität« und »Kontinuität« – sprich: sie waren instinktiv Konservative – und hätten auch das Herz am rechten Fleck – sprich: traditionelle Moralvorstellungen; sie wüssten sich aber ohne antiliberale Eliteeinheiten einfach nicht zu helfen.

Wie genau dieses neue Regime etabliert werden würde, blieb weitgehend unklar; was genau nach dem *regime change* passieren sollte, war bei Deneen auch nicht zu lesen; da fand sich allenfalls ein Sammelsurium von Policy-Vorschlägen (Hilfe für Familien, etc.), für die es den ganzen kulturpessimistischen Aufwand – und auch das Zusammenklauben von Ideen aus der Geschichte des politischen Denkens, bei Aristoteles angefangen – nicht gebraucht hätte. Es fehlte weiterhin ein kohärenter begrifflicher (und letztlich normativer) Rahmen für das postliberale »Regime«.

Auffallend war allerdings, dass Deneen sich nun einer politischen Sprache bediente, die in seinem früheren Werk kaum eine Rolle gespielt hatte. Nicht weniger als neunundsechzig Mal erwähnte Deneen in seinem Buch das »Gemeinwohl« – und bezog sich bei seiner Rede von *Common Good Conservatism* offensichtlich auf einen prominenten Rechtswissenschaftler, der ein Jahr vor *Regime Change* einen schmalen Band vorgelegt hatte; dieser sollte, noch weit mehr als Deneens antiliberale Tiraden, heftige Debatten entfachen: Adrian Vermeules *Common Good Constitutionalism*.

5 Ein Standardargument antiliberaler Denker ist, dass die liberale Neutralität eh geheuchelt sei; der Liberalismus toleriere eigentlich nur Weltanschauungen, die mit dem Ideal liberaler Autonomie kompatibel seien. Daraus folgt dann oft, salopp gesagt: Wenn alle irgendwie intolerant sind, kommt's auf die eigene Intoleranz auch nicht mehr an.

6 Patrick Deneen, *Regime Change. Toward a Postliberal Future*. New York: Sentinel 2023. Vgl. hierzu auch Albrecht Koschorke, *Postliberalismus und Elitentausch*. In: *Merkur*, Nr. 912, Mai 2025.

*Rational willkürlich, voll ins Risko gehend*

Adrian Vermeule ist eine einzigartige Erscheinung in der amerikanischen Geisteslandschaft. Der in Harvard lehrende Jurist war lange als ein brillanter, wenn auch oft extrem technokratisch argumentierender Spezialist für amerikanisches Verwaltungsrecht bekannt – heute ist er als bekennender antiliberaler Adept Carl Schmitts verschrien, ja gar als katholischer Integralist, der die Trennung zwischen Staat und Kirche aufheben möchte. Vermeule selber facht Kontroversen um seine Person nach Kräften an – mit Posts in den sozialen Medien, die man kaum anders als *trolling the libs* bezeichnen kann, oder mit frivolen Essays, die seine politischen und intellektuellen Gegner offenbar zur Weißglut treiben sollen.

So forderte er 2023, angesichts der Polarisierung und allgemeinen Lähmung der amerikanischen Politik sei es an der Zeit, wie die italienischen Stadtrepubliken der Renaissance eine Art Diktator auf Zeit zu installieren, einen *Podestà* – also einen Fremden, der politische und rechtliche Macht in seinen Händen vereinigen und die Dinge in der Republik in Ordnung bringen sollte. Wer sich durch Vermeules Links klickte, erfuhr schließlich, dass er auch einen konkreten Kandidaten im Sinn hatte: keinen Geringeren als Eduard Habsburg-Lothringen, derzeit Botschafter Ungarns beim Vatikan.[7]

Solche Scherzchen überraschten angesichts der technokratisch-trockenen Art, in der Vermeule früher seine zahlreichen Fachaufsätze und Bücher – die, wie bei so vielen amerikanischen *law professors*, in rapider Abfolge erscheinen – präsentiert hatte. Er hatte immer wieder aufs Neue die relative Autonomie des Verwaltungsstaats gerechtfertigt; Behörden sollten keinen Einmischungen seitens des Kongresses ausgesetzt sein und sich auch nichts von Gerichten vorschreiben lassen – denn jenen Institutionen fehle es an Expertise, um das Vorgehen einer Verwaltung angesichts hochkomplexer Herausforderungen beurteilen zu können.

Vermeules Theorien deckten sich durchaus mit der Rechtsprechung. In einer Grundsatzentscheidung aus dem Jahr 1984 hatte der Oberste Gerichtshof die Auffassung vertreten, Behörden hätten viel Spielraum bei der Auslegung von Gesetzen; solange diese Auslegungen »vernünftig« seien, sollten sie nicht von der Justiz infrage gestellt werden. Damit war eine Antwort gegeben auf eine Herausforderung an die moderne Demokratie, die wir spätestens seit Max Weber kennen: Überlassen die Legislativen nicht den Bürokratien zu viel Macht, so dass sich das Handeln des Verwaltungsstaats immer weniger auf einen irgendwie erkennbaren Volkswillen zurückführen lässt? Ist Beamtenherrschaft – egal wie professionell – nicht Willkürherrschaft?

Angesichts der schieren Komplexität von Sachproblemen gab es für Vermeule schlicht keine Alternative zur umfassenden Ermächtigung des Verwaltungsstaats – und die amerikanische Rechtsprechung sah es eben lange nicht anders. Teil dieser (legitimen) Eigenlogik der Verwaltung war zudem, dass Beamte, die unabhängigen Behörden vorstehen, nicht einfach vom Präsidenten entlassen werden können. Wo-

7 Adrian Vermeule, *America Needs A Podestà: Controlling the violence of faction, Italian style.* In: *The New Digest* vom 15. August 2023 (thenewdigest.substack.com/p/america-needs-a-podesta).

bei – eine der ersten provokanten Pointen Vermeules – man natürlich auch verstehen müsse, dass Beamte ab und an dezisionistisch agierten. Man könne nicht alle Entscheidungen bis ins Letzte rational rechtfertigen; man müsse einfach das »rational Willkürliche«, das in einem Verwaltungsstaat unvermeidlich sei, als legitim akzeptieren. Damit seine Kollegen ihn nur ja richtig verstanden, gab er einem seiner Aufsätze den Titel: »Unser schmittianisches Verwaltungsrecht«.[8]

Vermeules Kritik galt nicht nur dem vermeintlich naiven Wunsch der Liberalen, alles bis ins Letzte zu verrechtlichen. Was ihnen gleichzeitig abgehe, sei Risikobereitschaft. Die stets ängstlichen liberalen Rechtstheoretiker erklärten ihm zufolge die Verhinderung von Machmissbrauch zum obersten Ziel; Vermeule hielt ihnen entgegen, dass man jedem Staatdiener, der überhaupt irgendetwas Vernünftiges täte, im Zweifelsfall wohl irgendeine Form von Machtmissbrauch nachweisen könne. Auch konstituierte der Titel eines Aufsatzes in einer rechtswissenschaftlichen Zeitschrift eine klare Abgrenzung vom Gegner und die Kampfansage: »Optimaler Machtmissbrauch«.[9]

Eine weitgehend autonome, ins Risiko gehende, ja gar fehlerwillige Exekutive verteidigte Vermeule besonders lautstark in Zeiten des »Globalen Kriegs gegen den Terror« (Zeiten, die noch gar nicht so lange her sind und die vieles an unserer Gegenwart erklären – die aber auf merkwürdige Weise fast aus dem Bewusstsein verschwunden sind). In Situationen außergewöhnlicher Bedrohung müsse ein amerikanischer Präsident schnell und auf eigene Faust handeln können; die vor allem von James Madison verfochtene Vorstellung eines Systems von *checks and balances* sei passé in einer immer komplexeren und schnelllebigeren Welt. Man sollte sich vielmehr an einem anderen Gründervater orientieren, nämlich Alexander Hamilton, der »Energie« in der Exekutive gefordert hatte.[10] So machten sich Vermeule und sein zeitweiliger Ko-Autor Eric Posner offiziell zu Advokaten einer »entfesselten Exekutive«.[11] Aber ganz und gar ungebunden sollte die zweite Gewalt dann doch nicht sein. Statt jedoch auf die konventionelle *separation of powers* zu setzen, sollte man sich auf die öffentliche Meinung als ultimativen *check* verlassen; diese würde einen auf irgendeine Weise illegitim agierenden Präsidenten letzten Endes effektiv in die Schranken weisen.

Diese Hoffnung hatte etwas rührend Naives angesichts der Fragmentierung der amerikanischen Öffentlichkeit sowie der eklatanten Pathologien des US-Mediensystems;[12] hier kann sich schon lange kaum mehr eine kohärente *public opinion* herausbilden oder sich klar positionieren gegen

8 Adrian Vermeule, *Our Schmittian Administrative Law*. In: *Harvard Law Review*, Nr. 122/4, Februar 2009 (harvardlawreview.org/print/vol-122/our-schmittian-administrative-law/).

9 Adrian Vermeule, *Optimal Abuse of Power*. In: *Northwestern University Law Review*, Nr. 109/3, 2015 (scholarlycommons.law.northwestern.edu/nulr/vol109/iss3/4/)

10 Vgl. *Federalist-Artikel Nr. 70*.

11 Eric A. Posner / Adrian Vermeule, *The Executive Unbound: After the Madisonian Republic*. Oxford University Press 2010.

12 Vgl. zum Beispiel Yochai Benkler / Robert Faris / Hal Roberts, *Network Propaganda. Manipulation, Disinformation, and Radicalization in American Politics*. Oxford University Press 2018.

eine Exekutive, die im Zweifelsfall immer einen großen Informationsvorsprung reklamieren und ihr Vorgehen mit allerlei Notständen rechtfertigen kann.[13] Ohnehin sollten dann aber in Vermeules weiteren Schriften Beschränkungen dieser Art so gut wie gar keine Rolle mehr spielen; die Vorstellung, Rechtsstaatlichkeit brauche Gewaltenteilung, wurde vollends verabschiedet.

### *Die Zauberformel: »Gemeinwohl«*

2020 veröffentlichte Vermeule im eher liberal ausgerichteten Magazin *Atlantic* eine Art Teaser für seine neue Verfassungstheorie;[14] 2022 erschien dann ein relativ schmaler Band, der nicht nur breit diskutiert, sondern auch zu einem Faszinosum für Vermeules erklärte Gegner wurde; beim ersten Lesen war ihre Frage, wie genau der Jurist, der 2016 zum Katholizismus übergetreten war, seinen Integralismus – oder gar, in den Augen der schärfsten Kritiker: Klerikalfaschismus – so verpacken konnte, dass er nicht sofort den rechtswissenschaftlichen Mainstream in den USA abschrecken würde.

Teil der Antwort: Vermeule positionierte sich geschickt gegen Konservative und Liberale (im amerikanischen Sinn) gleichzeitig. Der Interpretationsansatz der Konservativen – *Originalism* – sei im Grund nur ein Vorwand, um libertäre Wirtschaftsvorstellungen durchzusetzen; er sei an sich widersprüchlich, weil die Verfassungsväter selber eben gerade keine *Originalists* gewesen seien; sie hätten nicht gedacht, dass die Verfassung einzig im Sinn ihrer Bedeutung in den 1780er Jahren zu verstehen sei. Die Liberalen hingegen würden willkürlich ihre moralischen Ideale in den Verfassungstext hineininterpretieren – sie hätten allerdings Recht mit der Vorstellung, dass die Verfassung eine Art von Moralität enthalte. Nur sei diese nicht zu verstehen ohne das, was Vermeule als die »klassische Tradition« (oder auch *ius commune*) des Westens bezeichnete. Diese Tradition – eine Synthese aus römischem Recht, kanonischem Recht und »lokalem Zivilrecht« – mache das Gemeinwohl zum Ausgangspunkt jeden legitimen Verfassungsrechts (statt, wie die Liberalen, den Schutz von Freiheit an erste Stelle zu setzen).

Der Jurist Jannis Lennartz merkte einmal treffend an, Vermeule gleiche einem amerikanischen Touristen in einem europäischen Antiquitätengeschäft – da suche sich jemand ganz viele Objekte zusammen, die aus Sicht lokaler Beobachter nicht unbedingt zusammenpassten und auch keine tatsächliche geschichtliche Entwicklung reflektierten.[15] Mit ostentativem Bildungsaufwand (und vielen lateinischen Zitaten) wurde das so entstandene Konstrukt aber dann auf dem heimischen Markt als »klassisch« verkauft.

Vermeule deklarierte seine »klassische Tradition« zur eigentlichen Inspiration für die Männer der Amerikanischen Revolution (ohne dafür irgendwelche historischen Belege anzuführen). Das bedeutet auch:

13 Trump deklarierte in den ersten sieben Monaten seiner zweiten Amtszeit neun »national emergencies« sowie eine »crime emergency« in Washington, DC.

14 Vgl. die Kritik bei David Dyzenhaus, *Schmitten in the USA*. In: *Verfassungsblog* vom 4. April 2020 (verfassungsblog.de/schmitten-in-the-usa/).

15 Jannis Lennartz, *An American in the Antique Store. Adrian Vermeule in Berlin*. In: *Verfassungsblog* vom 6. Juni 2023 (verfassungsblog.de/an-american-in-the-antique-store/).

Grundrechte wie die Bill of Rights durften nicht so sehr als Beschränkungen der Staatsgewalt (oder gar als Trumpfkarten im Streben nach individueller Autonomie), sondern mussten immer schon im Licht einer substanziellen Vorstellung des Gemeinwohls verstanden werden. Dieses sei »einheitlich und unteilbar«; es handele sich nicht um ein Aggregat von individuellem Nutzen (wie es die schnöden Vorstellungen der Liberalen angeblich nahelegten).

Selbstverständlich rechtfertigte das Gemeinwohl auch einen robusten Einsatz von *public power* (ganz so, wie es Viktor Orbán vorexerziert hatte). Dazu brauchte es natürlich – hier konnte Vermeule nun an seine früheren Überlegungen anknüpfen – eine starke Verwaltung, deren Vorgehen eben nicht von Gerichten und der Legislative hinterfragt werden sollte. So zitierte der Harvard-Jurist denn auch einen seiner jungen spanischen Adepten mit dem Satz: *Imperare Aude!* Also: Trau Dich zu herrschen![16]

Nur: Was genau heißt es, im Namen des Gemeinwohls zu herrschen? Klar war, dass Vermeule, wie seine postliberalen Mitstreiter, einem libertären Verfassungsverständnis (und einer Haltung von »Konservatismus gleich Deregulierung über alles«) eine klare Absage erteilte. Aber die genaue Bestimmung *(determinatio)* von Gemeinwohl schien höchst kontextabhängig; viel Konkretes ließ sich aus »Frieden, Gerechtigkeit und Wohlstand« (so Vermeules eigene Spezifizierung von Gemeinwohl) nicht ableiten.[17]

Zwar kokettierte Vermeule in gewohnter Manier mit einigen Anspielungen darauf, wie man sich aus Sicht eines strengen Katholiken die Umsetzung des Gemeinwohls vorzustellen habe: Das Recht auf Meinungsfreiheit decke keineswegs Pornografie ab; Abtreibung sei zu verbieten, allerdings gelte es auch, Umweltschutz konsequent durchzusetzen.

Das eigentlich Provokante an Vermeules Auslassungen ist aber, dass sich aus seinem *common good constitutionalism* keine Vorgabe für ein bestimmtes politisches System ergibt. Jedes Regime, das dem Gemeinwohl diene, sei legitim, so der Jurist; vor allem solle man sich nicht einbilden, allein die zeitgenössische repräsentative Massendemokratie sei irgendetwas Besonderes aus Sicht des *common good constitutionalism*. In einem – wohl wieder mal bewusst skandalträchtig angelegten – Aufsatz präsentierte Vermeule den römischen Kaiser, umgeben von strikt am Gemeinwohl orientierten Beratern und Beamten, als ein Beispiel gelungener Herrschaft. Mit einer betont populistischen Note behauptete er, das römische Volk habe sich durch die *lex regia* mit dem Kaiser gegen die Optimaten – sprich: die korrupten liberalen Eliten – verbündet und so ein legitimes Regime geschaffen (Vermeule setzte noch eins drauf, indem er im selben Essay das traditionelle Verständnis eines guten chinesischen Kaisers ebenfalls anpries).[18]

Auf den ersten Blick wird hier die uralte Wunschvorstellung eines wohlwollenden, stets umsichtig für sein Volk agierenden Alleinherrschers bedient. Und auf den

16 Ricardo Calleja, *Imperare Aude!* In: *Ius et iustitium* vom 20. Oktober 2020 (iusetiustitium.com/imperare-aude-dare-to-command/).

17 »Wohlstand« ist meine Übersetzung von »abundance«.

18 Adrian Vermeule, *The Constitution of Hierarchy*. In: *Fudan Journal of the Humanities and Social Sciences*, Nr. 17, 2024.

zweiten Blick auch: Denn Vermeule versichert felsenfest, diese Art von Regime müsse auch als rechtsstaatlich verstanden werden. Es sei eine typisch liberale Illusion, Rechtsstaatlichkeit mit Gewaltenteilung gleichzusetzen; auch beim Kaiser habe Legalität geherrscht (denn dieser habe gleichzeitig *unter* und *über* dem Recht gestanden – was immer das heißen mag). Offenbar war auch hier die Annahme, ein nicht so wohlwollender Herrscher werde irgendwann vom Volk – oder eben der öffentlichen Meinung – eingehegt (oder vielleicht verjagt) werden. Und auch hier galt offenbar wieder: Besser das Risiko von Machtmissbrauch eingehen, als sich mit korrupten Optimaten abzufinden.

Das offensichtliche Argument gegen die ganze Konstruktion des *common good constitutionalism*, es herrsche aber stets Streit um den Inhalt des Gemeinwohls, wischt Vermeule nonchalant vom Tisch. Da gebe es doch viel mehr Konsens, als die Liberalen meinten (die angeblich das Verhalten im Seminarraum, wo es eine Prämie auf clevere Meinungsverschiedenheiten gebe, auf die Gesellschaft als Ganze projizierten). Schließlich konzedierte Vermeule dann allerdings auch, gut dezisionistisch: Bei den ganzen Bedenkenträgern falle ihm irgendwann auch nichts mehr ein, als den Leuten zu empfehlen, halt nicht liberal zu sein.

Kann sich Vermeule über eine Verwirklichung seiner Vision in der amerikanischen Gegenwart freuen? Auf den ersten Blick ganz und gar nicht. Der Oberste Gerichtshof hat die Rechtsprechung im vergangenen Jahr grundlegend geändert; statt erst einmal anzunehmen, dass Behörden vernünftig agieren beziehungsweise darauf zu vertrauen, dass es innerhalb des Verwaltungsapparats selber auch effektive *checks and balances* gebe, besteht der Supreme Court nun darauf, dass Gerichte die Gesetzesauslegungen von Behörden systematisch überprüfen (entgegen aller von Vermeule vertretenen – und an sich sehr plausiblen – Thesen behauptete der Vorsitzende des Obersten Gerichtshofs, John Roberts, Juristen hätten die notwendige Expertise, um hochkomplexe regulatorische Entscheidungen beurteilen zu können).[19] Vor allem für den Umweltschutz könnte die neue Rechtslage verheerende Wirkungen haben (wobei diese allerdings schon dadurch eintreten, dass Trump die relevanten Behörden von innen her aushöhlt).

Aber nicht nur das: Der Supreme Court hat auch den Schutz von Beamten vor parteipolitisch motivierter Entlassung seitens des Präsidenten, der seit den dreißiger Jahren gegolten hatte, de facto aufgehoben. Die explizite Ausnahme: die Zentralbank, was allerdings Trump nicht von dem Versuch abgehalten hat, eine Gouverneurin der Federal Reserve unter fadenscheinigem Vorwand zu feuern. Mit dieser Politisierung der Geldpolitik geht die Trump-Regierung enorme Risiken ein – und dies sind wohl kaum die Risiken, die sich Vermeule unter »optimalem Machtmissbrauch« vorgestellt hatte.

Das alles scheint ihn aber nicht wirklich anzufechten. Er selber hat die Auswirkungen der jüngsten Rechtsprechung des Supreme Court heruntergespielt; und der massive Verlust von Expertise und Profes-

19 Die landläufige Erwartung ist, dass infolge der Entscheidung über den Fall *Loper Bright* vor allem Umweltschutzmaßnahmen reihenweise von Gerichten gekippt werden könnten. Allerdings hat die Trump-Regierung auf eigene Faust derartige Maßnahmen bereits drastisch zurückgefahren.

sionalität in der amerikanischen Verwaltung ist offenbar akzeptabel, solange der vermeintlich wohlwollende Alleinherrscher ein von Konservativen für absegnungswürdig erachtetes Gemeinwohl verfolgt. Schon vor Jahren hatte Vermeule dazu aufgerufen, den Staat von innen her zu transformieren; Antiliberale sollten, nach einer Art langem Marsch durch die Institutionen, wichtige Ämter besetzen und die Staatsgewalt dann systematisch gegen die Liberalen einsetzen. Das beinhaltet offenbar die Gängelung von angeblich »woken« Universitäten, großen, vermeintlich irgendwie progressiven Anwaltskanzleien und Medienunternehmen mit – das kann man ja immer sagen – »liberal bias«. Die Trumpisten folgen also in der Tat Orbáns »Modell«, und das Versprechen, das konservative Gemeinwohl irgendwann mit den eigenen Leuten umzusetzen, rechtfertigt offenbar alle Verluste an Expertise und Professionalität, die vor allem ein Kahlschlag in den Behörden verursacht (von eklatanten Grundrechtsverletzungen nicht zu reden).

Bereits in seinem Büchlein zu *Common Good Constitutionalism* hatte Vermeule einerseits die klassisch katholische Idee von Subsidiarität verteidigt; dann aber umgehend hinzugefügt, dass unter Umständen eine starke Zentralgewalt vielleicht doch im Namen des Gemeinwohls die Macht an sich ziehen müsse, ja sogar eine Diktatur gerechtfertigt sein könnte. Logisch ist die Verbindung zwischen Gemeinwohl-Theorie und entfesselter Exekutive nicht – aber empirisch ist sie offenbar immer der plausibelste Weg, um irgendeine Vorstellung von *salus populi* durchzusetzen. Solange man den vermeintlich wohlgesinnten Alleinherrscher und willige Erfüllungsgehilfen für ihn findet.

### *Postliberal gleich antiliberal ... und undemokratisch*

Postliberale kritisieren Liberalismus – was sonst? Die interessante Frage ist, wie viel sie von dem, was historisch durchaus als spezifisch liberal bezeichnet werden kann, in ihre mehr oder weniger spezifizierten politischen Visionen noch hinüberretten wollen – oder können. Bei einigen ist Postliberalismus im Grund nur etwas kommunitaristische Kosmetik – nicht verboten, aber eben auch nicht viel anders als das, was schon in den achtziger Jahren als Forderung nach mehr Gemeinschaft und irgendwie weniger Individualismus ausgiebig diskutiert wurde (was nicht heißen soll, dass die Neuorientierung von einflussreichen, sich als konservativ verstehenden Intellektuellen und Politikern weg vom Libertären nicht wichtig wäre – die Frage ist nur, ob es dafür wirklich einen parteipolitischen Rückhalt gibt; bisher halten sich die großen rechten Geldgeber in den USA beim *working class conservatism* merkwürdigerweise sehr zurück ...).

Andere – und hier ist Vermeule zweifelsohne das wichtigste Beispiel – wagen wirklich den Bruch. Natürlich sind Verfassungen nicht per se liberal. Aber wenn sie nur im Entferntesten etwas mit der Zügelung von Macht zu tun haben sollen – und nicht nur Wünsch-dir-was-Dokumente mit Labels wie »Gemeinwohl« sind –, dann ist die Vermeulesche Theorie eigentlich gar nicht *constitutionalism*.

Vermeule hat denn auch per Tweet verlauten lassen, die Gerichte dürften die »legitime Macht« der Trumpschen Exekutive nicht kontrollieren – ein Post, dem der Vizepräsident enthusiastisch beipflichtete. Aber wer entscheidet darüber, was an

Macht der Exekutive »legitim« ist? In der geschriebenen Verfassung steht, Ausgaben dürften nur vom Kongress beschlossen werden; Trump hat sich völlig darüber hinweggesetzt. Eine spezifische, letztlich völlig antipositivistische Vorstellung von Gemeinwohl mag etwas anderes suggerieren. Aber man kann dann in eine Konzeption von Gemeinwohl hineinpacken, was man will – und das Paket mit den höchsten Weihen ausstatten (vor allem, wenn man an den Wahlurnen keine Mehrheit zusammenbekommt).

Dem Schmittianer Vermeule darf man vielleicht ein Zitat eines anderen großen Staatsrechtlers aus der Weimarer Zeit entgegenhalten. Gustav Radbruch bemerkte einmal, »Volk« müsse unvermeidlich ein Inbegriff streitender Parteien sein, solange nicht ein Engel vom Himmel uns die untrügliche Offenbarung des Allgemeinwohls gebracht habe. Er fuhr fort: »Dieser Relativismus, der die verschiedenen Parteiauffassungen vom Allgemeinwohl nicht als beweisbar richtige oder unrichtige Feststellungen, sondern als unbeweisbare und unwiderlegbare Stellungnahmen betrachtet, ist die Grundlage demokratischen Denkens.«[20] Vermeule bietet eine gegenteilige Grundlage an. Dieser Postliberalismus ist nicht nur, klar, antiliberal; er ist auch zutiefst undemokratisch.

20 Gustav Radbruch, *Parteienstaat und Volksgemeinschaft*. In: Arthur Kaufmann (Hrsg.), *Gustav Radbruch Gesamtausgabe*. Bd. 12: *Politische Schriften aus der Weimarer Zeit*. Heidelberg: C. F. Müller 1993.

## Lunare Planspiele

### *Über die Rückkehr zum Mond*

*Von Bernhard J. Dotzler*

Mondvölker, Herden von Mondtieren,
Städte, Seen, Meere?
Nichts von all dem fand sich, nichts,
was die Wissenschaft nicht bereits kannte …
Jules Verne, *Von der Erde zum Mond*

**D**ie längste Zeit gab es den Aufenthalt auf dem Mond und anderen Himmelskörpern nur als Gedankenspiel: von Lukians *Wahrer Geschichte* aus dem zweiten Jahrhundert unserer Zeitrechnung über Johannes Keplers *Somnium* und Cyrano de Bergeracs *États et Empires de la Lune* aus dem 17. Jahrhundert bis zu Hergés *Tintin*-Abenteuer *On a marché sur la Lune* (1954) und Arno Schmidts *KAFF auch Mare Crisium* (1960); von Georges Méliès' *Voyage dans la Lune* (1902) über Fritz Langs *Frau im Mond* (1929) bis noch zu Stanley Kubricks *2001: A Space Odyssey* (1968).

Dann kamen die Apollo-Missionen, die die ersten zwölf Menschen auf den Mond brachten und das Jahr 2000 endgültig zur Chiffre aller technophilen Zukunftsträume machten. Nicht nur hatte die Pan Am (Pan American World Airways) ihrem Space Clipper zuvor einen Kurzauftritt in Kubricks Film verschafft; die Fluggesellschaft führte auch schon Passagierlisten für Linienflüge zum Mond. Ab 2000, glaubte man damals, würde es so weit sein. Pan Am ging aber knapp ein Jahrzehnt zuvor schon pleite, und bereits seit dem 14. Dezember 1972, nachdem Eugene Cernan als letzter Astronaut den Mond verlassen hatte, ist alles wieder beim Alten: Mondspaziergänge gab und gibt es seitdem nur in der Fantasie.

*Postapollinische Umtriebigkeit*

Seither ist in der Raumfahrt viel geschehen. Nahtlos an das Apollo-Programm anschließend beförderten die USA das Skylab mit der letzten ihrer Saturn-V-Raketen in eine Umlaufbahn um die Erde. Vergleichbares gelang der UdSSR mit ihren Saljut-Raumstationen und der Mir. Seit gut einem Vierteljahrhundert kreist die Internationale Raumstation (ISS) um die Erde und beherbergte über siebzig Langzeitbesatzungen, seit vier Jahren zieht die Tiangong alias China Space Station (CSS) ihre Bahnen im erdnahen Orbit. Hinzu kommen die drei Jahrzehnte des Space Shuttle (1981–2011), dessen Design der Raumfahrt ein wenig von jenem James-Bond-Futurismus verlieh, wie ihn dann erst Elon Musks Anfang 2018 in den Weltraum geschickter Roadster mit dem *Starman* darin und wenig später Richard Bransons VSS Unity wieder in Szene setzten.

Überhaupt sind da nun auch mächtige privatwirtschaftliche Unternehmen wie Blue Origin, SpaxeX und Virgin Galactic sowie neue nationalstaatliche Umtriebigkeiten im Spiel. Japan hatte lange einen Versorgungstransporter für die ISS in Betrieb und entwickelt derzeit dessen Nachfolger (HTV und HTV-X). Indien verfolgt sein Chandrayaan-Programm. Israel hat Beresheet 2 nur verschoben, nicht für immer abgesagt. Und gerade im vergangenen Juni erst haben drei deutsche Landesherren (Baden-Württemberg, Bayern und Bremen) ihre *space mindedness* mit der Forderung kundgetan, Deutschland möge »in Sachen Raumfahrt auf dem Fahrersitz Platz [nehmen]«.[1]

Nur eben, kein Fahrer- und kein Pilotensitz hat in den letzten Jahrzehnten einen Menschen auf den Mond gebracht – und gerade das soll sich in naher Zukunft ändern. Bald schon soll für »Armstrongs Erben«, ob sie sich Astronautinnen nennen oder Kosmonauten (wie in Russland, das aber mondlandetechnisch weit ins Hintertreffen geraten ist) oder Taikonauten (wie bei den Fans der chinesischen Raumfahrerinnen und Raumfahrer), die Stunde gekommen sein.[2] China hat bereits demonstrativ seine Flagge auf dem Mond gehisst und will bis 2030 auch zwei seiner Bürger dort hinbringen, zwar nur für einen kurzen Aufenthalt (wie einst der von Neil Armstrong und Buzz Aldrin), aber doch schon als Vorgriff auf die für das kommende Jahrzehnt geplante Errichtung einer dauerhaften Mondstation.

Höchste Zeit also für die USA, deren sechs auf der Mondoberfläche hinterlassene Fahnen längst ausgeblichen sein dürften (man hatte nur »irdische Standardmodelle zum Stückpreis von 5,50 Dollar aus einem Regierungskatalog« mitgenommen), sich als die führende Weltmacht im Weltraum zu behaupten, wie sie das mit

1 So Andreas Bovenschulte laut Markus Langenstraß, *»Space minded«: Söder will Raumfahrt trotz leerer Kassen stärken*. In: *BR24* vom 5. Juni 2025 (www.br.de/nachrichten/deutschland-welt/space-minded-soeder-will-raumfahrt-trotz-leerer-kassen-staerken,UnGD4td).

2 Christoph Seidler, *Armstrongs Erben. Was der neue Kampf der Supermächte um den Mond für uns bedeutet*. München: Piper 2025. – Hieraus alle nicht anders nachgewiesenen Wort- und Sachzitate.

dem Artemis-Programm seit 2017 auch versucht – wenn auch aktuell mit der für die von Amerika geprägten Zeitläufte typischen Unberechenbarkeit und Erratik. 7. Juni 2025: »US-Präsident Donald Trump und der Unternehmer Elon Musk liefern sich eine heftige Auseinandersetzung«.[3] Programmschritte sollen jedenfalls sein: möglichst noch vor den Chinesen eine Mondlandung, die »erstmals auch eine Frau und eine Person of Color zur Oberfläche bringen« soll; eine »Bushaltestelle im Mondorbit«, das Lunar Gateway, »für die Forschung, aber auch als logistisch praktischer Zwischenstopp für die Arbeit auf der Mondoberfläche und mögliche spätere Marsmissionen«; und selbstredend ebenfalls ein Habitat für »eine permanente menschliche Präsenz auf dem Mond«.

### *Wir kommen, um zu bleiben*

Gerade die rechte Zeit also auch, um noch einmal, bevor die Realität sie einholt, die Fantasie zu bemühen, wie etwa die Netflix-Serie *Space Force* (2020/2022) es vormacht und wie nun die Bestandsaufnahme des Raumfahrtjournalisten Christoph Seidler es anbietet: »In den späteren Kapiteln dieses Buches werden wir uns selbst auf eine – gedankliche – Reise zum Mond begeben.«

Nun lassen sich eine *workplace dramedy*-Serie und ein Sachbuch schwerlich miteinander vergleichen. Aber bemerkenswert ist doch, wie in beiden Fällen die eher ernüchternden Aspekte der geplanten Rückkehr zum Mond das Bild bestimmen. Bemerkenswert an der Serie ist also gleichsam der Realismus noch im überzeichnenden Klamauk; und an dem Buch: dass es zwar mit John F. Kennedys berühmter »We choose to go to the moon«-Rede anhebt, selbst aber so gar nicht visionär erzählt.

»Wir haben gelobt, dass wir den Weltraum nicht mit Massenvernichtungswaffen, sondern mit Instrumenten des Wissens und der Erkenntnis gefüllt sehen wollen«, erklärte Kennedy in seiner Rede. Spätestens seit der Verlagerung der Astronautik vom Apollo-Programm auf das Space Shuttle ist aber doch auch eine massive Militarisierung des (erdnahen) Weltalls unleugbar – und kaum überraschend, selbst wenn man die Entstehungsgeschichte der Saturn-Raketen verdrängt und vom Dyna-Soar-Projekt der US Air Force noch nie gehört hat. 1981 war die erste Shuttle-Mission gestartet, 1982 folgte die Gründung eines eigenen Weltraumkommandos der Luftwaffe (Air Force Space Command, AFSPC) und 1983 Ronald Reagans famose *Star Wars*-Initiative alias SDI (Strategic Defense Initiative). 2019 ging aus dem AFSPC die USSF als sechste Teilstreitkraft der US-Armee hervor: die United States Space Force.

Damit beginnt die Serie (während Seidler das alles nicht erwähnt), und gleich wird auch das Ziel klargestellt: »Boots on the moon«! Die USA wollen auf den Mond zurück, aber »nicht für ein paar Steine, sondern um ihn zu besetzen«. Also gilt es, sich schon einmal eine *memorable line* für dieses Ereignis zu überlegen, was zugleich misslingt und zugleich besser gelingt als gedacht. »It's good to be back on the moon« war vorformuliert, aber die Per-

3 *Der Bruch*. In: *Deutschlandfunk* vom 9. Juni 2025 (www.deutschlandfunk.de/musk-trump-streit-bromance-doge-100.html). Der mutmaßlich Reichste und der angeblich Mächtigste drohten einander in diesem Schlagabtausch mit der Streichung staatlicher Unterstützung auf der einen, dem Rückzug von SpaceX aus NASA-Projekten auf der anderen Seite.

son-of-Color-Astronautin verspricht sich und sagt: »It's good to be black on the moon.«

Doch immerhin, die Space Force hat ihren Auftrag erfüllt – bis auf eine Kleinigkeit, nämlich die, dass China nun doch schneller war und bereits eine Mondstation errichtet hat, rein zu Wissenschaftszwecken, versteht sich. Diese genügen jedoch, um eine »Ausschlusszone« abzustecken, und so geht die Handlung ihren absehbaren Gang, Scharmützel um die Nationalflagge inbegriffen.[4]

Tatsächlich gibt es auch in der wirklichen Monderforschung, angesichts der außerordentlichen Erfolge Chinas mit seinen Mondsonden Chang'e-1 (2007) bis Chang'e-6 (2024), die Warnung der wirklichen Space Force, die Volksrepublik könnte »bis 2045 die militärisch dominierende Macht im Weltraum werden« und »womöglich bereits in den kommenden drei bis fünf Jahren ›Ausschlusszonen‹ um sein wissenschaftliches Equipment auf der Mondoberfläche definieren«: »offiziell, um etwa bei wissenschaftlichen Experimenten nicht gestört zu werden – und inoffiziell, um den Zugang zu den eigenen Anlagen auf dem Mond zu kontrollieren«.

Tatsächlich ist bei den NASA- und ESA-Vorhaben zwar nicht die Rede von einer Besetzung des Mondes, aber ihre Zukunftsmusik klingt am Ende trotzdem wie eine Drohung: »Aus dem Mondgestein werden wir Sauerstoff herstellen und den Staub mit Lasern zu Baumaterial formen können, aus dem dann Teile unserer Mondbehausungen, Straßen oder Landeplätze entstehen. All diese Dinge müssen und werden wir ausprobieren. Denn dieses Mal werden wir kommen, um zu bleiben.«

Und tatsächlich überlegen die Kandidaten und Kandidatinnen in spe bereits: »Für die drei bisher existierenden europäischen Artemis-Tickets stehen gegenwärtig sechs aktive ESA-Astronauten mit ISS-Erfahrung zur Verfügung. Zu dieser hoffnungsvollen Gruppe gehöre auch ich und gestehe, auch schon darüber nachgedacht zu haben, welche bedeutungsschweren Worte ich beim Schritt auf den Mond wohl sagen würde.«[5]

Insoweit lässt sich behaupten, dass alles an und in *Space Force*, wiewohl es nur ausgedacht ist, doch »stimmt«. Die Serie nimmt das, wovon sie handelt, ordentlich auf die Schippe, und dennoch besteht kein wesentlicher Unterschied zwischen der Parodie und den weltweiten Ambitionen – außer dem, dass die Parodie insinuiert, dass »das alles« zum Lachen sei.

### *Der große historische Schritt*

Umgekehrt Seidler. Sein Bericht über den »neue[n] Kampf der Supermächte um den Mond« ist von nachgerade biederem Ernst. Da findet sich schon der eine oder andere Funfact wie: »Der Mond entfernt sich jedes Jahr etwa 3,78 Zentimeter von der Erde weg. Das entspricht ziemlich genau der Geschwindigkeit, mit der menschliche Fingernägel wachsen.« Aber Seidler nervt nicht mit Slapstick über astronautische versus taikonautische Kombattanten, sondern liefert seriöse Auskunft über das Weltraumrecht, um das es freilich schlecht bestellt ist. Es gibt den *Vertrag über die*

4 *Space Force*, 1. Staffel (2020), 1., 9. und 10. Folge.

5 Geleitwort des ESA-Astronauten Matthias Maurer zu Seidler, *Armstrongs Erben*.

*Grundsätze zur Regelung der Tätigkeiten von Staaten bei der Erforschung und Nutzung des Weltraums einschließlich des Mondes und anderer Himmelskörper*, kurz: den Weltraumvertrag von 1967. Aber vieles – zu viel – bleibt darin ungeregelt, nicht zuletzt der Abbau von Rohstoffen. Wird also, wie bereits die Rede geht, auf dem Mond alsbald der neue »wilde, wilde Westen« herrschen? Sicher scheint: »Fehlende Begriffsdefinitionen im Weltraumvertrag dürften dafür sorgen, dass die Rückkehr der Menschheit zum Mond in den kommenden Jahren zu einem potenziell konfliktträchtigen Thema wird.«

Deshalb ja – *boots on the moon!* – die Eile der USA, wiederum als Erste vor Ort zu sein, und die anderer Großmächte, den Vereinigten Staaten womöglich zuvorzukommen. Und ihnen allen eilt Seidlers Gedankenreise voraus. »Stellen wir uns also vor«, wir würden »eine Mission zum Mond organisieren – und würden dann auch selbst mitfliegen«, beginnt das Kapitel »Wie man zum Mond kommt«. Ein Kapitel später (»Was man für das Leben auf dem Mond braucht«) sind alle Reisevorbereitungen getroffen: »Machen Sie sich bereit, es wird die Reise unseres Lebens!« Wieder ein Buchkapitel später ist es dann auch schon so weit: »Die Mondoberfläche kommt näher und näher [...] Wir werden in Kürze landen. Haben Sie sich Ihre historischen Worte schon überlegt?«

Wie der *Space Force*-Pilotin, wie den wirklichen Astronautinnen und Astronauten mit der Aussicht auf eine Mondlandung ist auch für Seidler klar, dass »wir« schon während der Flugvorbereitungen »etwas Wichtiges nicht vergessen« sollten: »Wir müssen uns überlegen, welches eigentlich unsere ersten Worte auf dem Mond sein werden. Der Schritt, der vor uns liegt, ist noch immer historisch. Noch nicht viele Menschen haben ihn getan.«

Im Grunde steht der »historische Schritt«, der nach Armstrong »große Schritt für die Menschheit«, ja sogar jetzt erst eigentlich an. »Beim ersten Wettlauf der Menschheit zum Mond ging es um den Einmal-Effekt. Wer als Erster den Mast seiner Flagge in den Mondstaub rammte, hatte gewonnen.« Die derzeitigen Artemis-Vorbereitungen wie auch die Planungen Chinas haben dagegen eine Dauerpräsenz auf dem Mond zum Ziel. Es soll eine Unterkunft geben, »kein Luxusdomizil«, aber »eine funktionelle Einrichtung« für längere Aufenthalte und »eine Art lunares Wohnmobil«, mit dem man weiter von der Station entfernte Gebiete erreichen kann, ohne einen Raumanzug tragen zu müssen. Das Eis, das sich aus permanent im Schatten liegenden Mondkratern abbauen lässt, soll zur Gewinnung von Wasser und Atemluft verwendet werden. Es soll »Pflanzenzucht im Mondstaub« betrieben werden.

Mit einem Wort: Alle Planungen sehen danach aus, dass es nun ernst wird mit der *Besiedelung* des extraterrestrischen Raums, und wer hätte auch noch nicht von den Größenfantasien gehört, die für die Raumfahrt zu begeistern versuchen, seit ihr privatwirtschaftlicher Sektor größer und größer geworden ist. Elon Musk (SpaceX) verspricht, »die Menschheit zu einer ›multiplanetaren‹ Spezies [zu] machen«, beginnend mit dem Mars, »wohin er eine Million Menschen umsiedeln möchte«. Jeff Bezos (Blue Origin) erweist sich als offenbar von Christopher Nolans *Interstellar* (2014) inspiriert und träumt von O'Neill-Zylindern, einer »Vielzahl riesiger freischwebender Habitate im All« alias *space colony canisters*,[6] in denen ebenfalls »eines Tages jeweils mehrere Millionen Menschen leben könnten«. Bei Nolan ist die Weltraumkolonie »eine perfekte Nachahmung eines idealisierten Stücks mittlerer Westen der USA: Alles ist grün, es gibt ein Baseballfeld, fruchtbares Ackerland und gepflegte Farmhäuser. Verfremdet ist die Landschaft einzig dadurch, dass sie sich in einem Zylinder befindet und sich wie nach oben gefaltet über die Köpfe der Menschen spannt.«[7]

### *Topoi der Raumfahrt*

Da liest es sich wie eine Wohltat für den gesunden Menschenverstand, wenn Seidler abwiegelt: »Die Menschheit wird auf dem Mond bleiben und wahrscheinlich auch weiter hinaus ins All fliegen.« Aber »nur ein winziger Bruchteil eines Bruchteils der aktuell 8,1 Milliarden Menschen« wird »die Chance für einen Flug ins All haben«. Denn natürlich, die Menschen, diese vielen, und die Menschheit, das ist nicht dasselbe. Nur auf letztere – oder größere Kollektive derselben – verweist dieses so gern benutzte, prekäre »Wir«, wenn es heißt, »dass wir endlich zum Mond zurückkehren müssen!« Oder in: »Wir Europäerinnen und Europäer werden die zukünftigen Flüge zum Mond nicht mehr auf dem Sofa verfolgen, wie einst die Apollo-Missionen – sondern im Druckanzug auf dem Sitz des Raumschiffes.«

Dabei soll es – genauso wie damals, zu Zeiten von Apollo, und mit dem gleichen »Wir« – immer noch um nicht weniger zu tun sein als um »unseren Platz im Kosmos«, »unseren Platz in diesem riesigen Universum«. Wird »die Eroberung des Weltraums des Menschen Statur vergrößern oder verkleinern?«,[8] fragten sich seinerzeit Denkerinnen und Denker aller Couleur. Heute, so jedenfalls sieht es nach Seidler aus, stellt sich dieselbe Frage immer noch oder wieder neu – nur wird sie zugleich gar nicht mehr so recht gestellt oder durchdacht. Anders gesagt, gerade in dieser Frage fällt auf, wie uninspiriert Seidler von der »Rückkehr zu unserem kosmischen Nachbarn« berichtet. Sie wird als »kompliziert« bezeichnet und als »bedeutungsvoll für die Zukunft der Raumfahrt, aber auch für die politischen Verhältnisse hier auf der Erde«.

Von der Kühnheit eines Aufbruchs in unendliche Weiten ist jedoch kaum etwas zu merken, wenn der Reisebericht resümiert: »Wir hatten uns also in einer kleinen Blechbüchse an der Spitze einer gigantischen Rakete festgeschnallt, um unserem Heimatplaneten den Rücken zu kehren. Das Warten war nervenzehrend. Dann der Countdown und der Start, dessen archaische Gewalt sich nicht angemessen beschreiben lässt [...] Dann erlebten wir erstmals die Faszination der Schwerelosigkeit [...] Wir schauten hinaus und bewunderten die Schönheit der Erde, ihre Zerbrech-

6 Matthew R. Francis, *Musk and Bezos Offer Humanity a Grim Future in Space Colonies*. In: *Scientific American* vom 26. Juni 2023 (www.scientificamerican.com/article/musk-and-bezos-offer-humanity-a-grim-future-in-space-colonies/).

7 Isabella Hermann, *Science-Fiction zur Einführung*. Hamburg: Junius 2023.

8 Hannah Arendt, *Die Eroberung des Weltraums und die Statur des Menschen* [1963]. In: Dies., *In der Gegenwart. Übungen im politischen Denken II*. Hrsg. v. Ursula Ludz. München: Piper 2000. Vgl. Bernhard J. Dotzler, *Orientierungssinnlosigkeit*. In: *Merkur*, Nr. 856, September 2020.

lichkeit [...] Am Anfang schickte unser Gleichgewichtssinn beständig Alarmmeldungen. Aber nach und nach gewöhnten wir uns ans Schweben. Und irgendwann wurde es verblüffend normal.«

Wie oft hat man das nicht schon gelesen: »die Schönheit der Erde, ihre Zerbrechlichkeit«, wenn man sie aus der Distanz, von Draußen im All, erblickt. Seit bald vierzig Jahren spricht man vom »overview effect«, noch einmal zwanzig Jahre älter aber ist eben der *Mother-Earth*-Topos als astronautischer Topos. *Earthrise* (1968, Apollo 8) und *Blue Marble* (1972, Apollo 17), diese beiden berühmten Fotos haben ihn maßgeblich mitverfestigt, und Seidler vergisst auch sie nicht zu erwähnen, ganz wie er weiß, dass auch die Monderober/innen der nahen Zukunft »froh sein« werden, am Ende wieder »die Erde unter ihren Füßen zu spüren. Unsere Heimat.« Elon Musk sollte sich das gesagt sein lassen. »Ich vermisse dich, Erde«,[9] schluchzt in *Space Force* ausgerechnet der erste auf eine Marsmission geschickte Mann.

All dies ist symptomatisch für diesen Report über die erzielten und die zu erwartenden Errungenschaften der Raumfahrt. Und die Beispiele lassen sich mehren. Penibel führt Seidler Protokoll über das Mondgestein, das bisher auf die Erde verfrachtet wurde, von den 21,6 Kilogramm, die Armstrong und Aldrin mitbrachten, über die 300 Gramm der sowjetischen Luna-Sonden bis zur chinesischen Chang'e-6, die erstmals Material von der sogenannten dunklen Seite des Mondes auf die Erde holte. Dies, wird zu betonen nicht vergessen, dient der Wissenschaft, und zwar das Steinesammeln (»Was kann man aus dem Mondgestein über die Verhältnisse auf der jüngeren Sonne und in ihrer Nachbarschaft lernen? Planetenforscher sagen, dass man auf dem Mond viel weiter in die Geschichte des Sonnensystems zurückblicken könne als auf der Erde«) nicht anders, als überhaupt dort oben zu sein, geht es doch »auch darum, dass der Mond exzellente Möglichkeiten bietet, den Rest des Universums möglichst ungestört zu untersuchen«.

Kurzum, in allem, wovon – und wie – Seidler berichtet, klingt eine eigenartige Pflichtschuldigkeit und Beflissenheit an. Bloß die *memorable line* (»etwas Wichtiges«) nicht versäumen! Bloß nicht übersehen, dass es auch jüngste Overview-Fotos gibt: »An der Kapsel angebrachte Kameras machten während der Artemis-1-Mission faszinierende HD-Bilder vom Mond und seiner Umgebung. Darunter waren auch Aufnahmen, in denen die Erde über der kraterzerfurchten Oberfläche aufgeht. ›In dieser Ansicht sehen wir acht Milliarden Menschenleben, die alle auf unserem blassblauen Punkt, unserer blauen Murmel, unserem ganz eigenen Raumschiff Erde leben. Und nach einer langen Reise kommt Orion nun nach Hause‹, kommentierte NASA-Mitarbeiterin Sandra Jones im Livestream.«

So nimmt Seidlers Ausflug zum Mond uns zwar mit auf eine Gedankenreise, ein kühnes Gedankenexperiment jedoch ist er nicht gerade. Eher stellt er unter Beweis, dass Planspiele an die Stelle von Fantasieanstrengungen getreten sind, zumindest in Sachen Mondabenteuer. Man war ja schon dort und man wird erneut hinfliegen, weiß aber längst, was einen dort erwartet, weiß, wie es gewesen ist, und kann also im Voraus wissen, wie es erneut gewesen sein wird:

9 *Space Force*, 2. Staffel (2022), 6. Folge.

ein Aufenthalt in der »magnificent desolation«, wie Buzz Aldrin es nannte.

*NASA Image ID-Nummer AS11-44-6642*

Zum Glück gibt es sie trotzdem noch, die Gedankenspiele, die diese Bezeichnung verdienen. Eines davon ist *Orbital* (2023) von Samantha Harvey.[10] Der Roman spielt auf der ISS, dort aber in der Zukunft der Artemis-3-Mission, in der »sich eine vierköpfige Crew auf dem Weg zum Mond« befindet und »soeben die flache Umlaufhöhe der Raumstation von vierhundert Kilometern über dem Planeten überschritten« hat. »Der Mond, der Mond – wir fliegen zum Mond, verdammte Scheiße aber auch, wir fliegen zum Mond«, spukt es euphorisch durch deren Köpfe. Nicht so durch die der Langzeitbesatzung der ISS, der vielmehr schlagartig aufgeht, dass sie zwar Raumfahrer sind, aber ein bisschen wie der Camus'sche Sisyphos (also glücklich? jedenfalls »nicht verzagt«), mit keinem anderen Ziel, als monatelang sechzehn Mal täglich um die Erde zu rasen: »Ein neuer Tag, aber einer, an dem sie die Erde sechzehn Mal umkreisen. Sie werden sechzehn Sonnenaufgänge sehen und sechzehn Sonnenuntergänge.«

Nicht zufällig erscheint daher einer der Hauptfiguren einmal »die ewige stahlblaue Faszination« des Heimatplaneten im Traum, aber nicht als *Blue Marble* oder wie auf *Earthrise*, sondern als »das berüchtigte Foto, das Michael Collins während seiner ersten erfolgreichen Mondmission aufgenommen hat«: NASA Image ID-Nummer AS11-44-6642. Man sieht darauf »die Mondfähre mit Armstrong und Aldrin darin, direkt hinter ihnen der Mond, und etwa vierhunderttausend Kilometer weiter dahinter die Erde [...] mit der Menschheit darauf. Es heißt, Michael Collins sei der einzige Mensch, der nicht auf dem Foto ist, und diese Vorstellung hat die Leute schon immer fasziniert. Jede einzelne andere Person, die nach Kenntnis der Menschheit in diesem Moment existierte, befinde sich auf diesem Foto« – gerade so, wie NASA-Mitarbeiterin Sandra Jones es auf der von der Artemis-Raumkapsel (der Orion) gemachten Aufnahme erkennen wollte.

Anton, dem fiktiven russischen Kosmonauten auf der ISS, will das indes nicht einleuchten. Verhält es sich nicht genau umgekehrt? »In Wahrheit ist niemand auf dem Bild, niemand ist zu sehen. Alle sind unsichtbar – Armstrong und Aldrin in ihrem Raumschiff, die Menschheit auf einem Planeten, der von hier aus betrachtet auch unbewohnt sein könnte. Der stärkste, am einfachsten herzuleitende Beweis für Leben auf dem Foto ist der Fotograf selbst«, und auch wenn es diesen gar nicht zwingend gebraucht hätte, ist so »an Collins' Bild vielmehr die Tatsache faszinierend, dass er selbst eigentlich die einzige menschliche Präsenz darauf ist.«

Auch *so* regt dieser blassblaue Punkt, diese Murmel im All, zum Nachdenken an. Man sieht die vielen Milliarden von Menschenleben gar nie im Ganzen. Selbst aus der geringen Distanz der ISS: »Von der Raumstation aus betrachtet ist die Menschheit ein Wesen, das sich nur bei Nacht blicken lässt. Die Menschheit ist das Licht der Städte und die beleuchteten Glühfäden der Straßen. Bei Tag ist sie verschwunden. Sie wird unsichtbar.« Man sieht die Menschheit nicht und nicht die

10 Samantha Harvey, *Umlaufbahnen*. Aus dem Englischen von Julia Wolf. München: dtv 2024.

Menschen. Nur – bei Nacht glitzernd schön – die Verwüstungen, die sie anrichten. Aber nur von der Raumstation aus. Nicht vom Mond. Und schon gar nicht aus der Entfernung von sechs Milliarden Kilometern, aus der die Raumsonde Voyager 1 den Pale Blue Dot 1990 fotografierte. Da schwebt die Erde einfach so im Universum, wie sie es auch in Jahrmilliarden noch tun wird, egal wie »wir« – ob ausgestorben oder zur interplanetaren Spezies mutiert – sie hinterlassen haben werden.

## *Beirut, Hauptstadt gebrochener Erinnerungen*

*Von Mounir Zahran*

2019 war das Jahr, in dem ich mein Praktikum am Orient-Institut Beirut antrat. Seit sieben Jahren hatte ich kein arabisches Land mehr betreten. Das erklärt vielleicht, warum meine Anspannung vor der Reise nach Beirut sogar größer war als die vor meiner späteren Rückkehr nach Syrien.[1] Ich war jünger, dementsprechend naiver, mit anderen Erwartungen bestückt. Werden die Straßen und Häuser ähnlich aussehen wie in Syrien? Wird der Stadtlärm Beiruts ähnlich klingen wie der Lärm in Aleppo und Damaskus? Sprechen und bewegen sich die Menschen im Libanon so ähnlich wie die Menschen in Syrien? Damals verwiesen diese Fragen auf die Erwartung, dass Beirut idealerweise nicht in Relation zu irgendetwas Neuem stehen, sondern möglichst mit meinen Erinnerungen an Syrien übereinstimmen sollte. Die Möglichkeit also, bestimmte Erinnerungen noch einmal zu erleben: im Rückblick natürlich utopisch.

2019 war auch das Jahr, in dem im Libanon die größten Proteste seit der Zedernrevolution von 2005 – die den vollständigen Abzug der syrischen Besatzung zur Folge hatte – stattfanden. Der bankrotte libanesische Staat wollte eine Reihe neuer Gebühren und Steuern einführen, um die leeren Staatskassen zu füllen. Diese Maßnahmen stießen auf wenig Verständnis, und quasi über Nacht brachen zunächst in Beirut und dann im gesamten Küstenstaat Proteste aus. Sie richteten sich gegen jene Strukturen, die die immer gleichen Gesichter an der Spitze des Libanon garantieren. Wahlen sind formal frei, politisch aber nahezu folgenlos. Die verfassungsmäßig fixierte Konfessionsparität (Artikel 95) macht Wahlämter zu Erbposten; Wählerstimmen werden dadurch beinahe wertlos.

Libanons Parteien funktionieren als Doppelwesen: konfessionelle Klientel- und zugleich Kartellparteien. Jede bedient ihr eigenes Lager – drusisch, armenisch, schiitisch, sunnitisch, maronitisch –, doch in der großen Koalition des Stillstands sichern sie sich gegenseitig ihre Pfründen. Reformvorhaben werden im Keim erstickt. Parlamentarische Gremien perfektionieren die Kunst des Nichtentscheidens; Plenarsitzungen geraten zu komödiantischen Schlammschlachten – tausendfach in den sozialen Netzwerken geteilt –, bei denen jeder dem anderen die Verantwortung zuschiebt, ohne dass jemals jemand Verantwortung übernimmt. Der Status quo bleibt zementiert.

Den Abend des Protestausbruchs habe ich noch klar vor Augen. Ich war mit einem Freund auf dem Heimweg, Männer auf Motorrädern sausten an uns vorbei, wir hörten Rufe und Schreie, Mülltonnen und Autoreifen brannten. Uns kam ein überfordertes norwegisches Paar entgegen,

1 Mounir Zahran, *Syrien – eine Rückkehr*. In: *Merkur*, Nr. 913, Juni 2025.

die Frau weinte. Vermutlich war es bloße Neugier, die uns trotzdem zum Riad El Solh-Platz trieb. Tausende Menschen waren dort versammelt und skandierten in Richtung Regierungssitz ihre Forderungen nach Veränderung. Wir waren die einzigen Ausländer in einer sehr wütenden Menge. Ich sah die Sicherheitskräfte, die vor dem Regierungssitz postiert waren. »Schießen die gleich auf uns?« Ich musste an Syrien denken. Sicherheitshalber zogen wir uns in ein nahegelegenes Café zurück und verfolgten dort mehrere Stunden lang die Nachrichten im Fernsehen. Die Sicherheitskräfte schossen nicht. Am nächsten Tag kehrten wir zum Protestort zurück.

Beinahe täglich verfolgte ich in der Downtown, dem Protestzentrum, das Treiben der Menschen. Die anfängliche Wut, die bedrohliche Dynamik wandelten sich in eine fröhliche Protestkultur. Ich sah Essensstände aller Art – die Libanesen sind ein geschäftstüchtiges Volk –, hörte Musik von den Bühnen, die den großen Vorplatz zwischen der Mohammad-Al-Amin-Moschee und dem Gemmayzeh-Viertel säumten. Luftballons mit Leuchtdioden, Zuckerwatte, dazwischen ein unendliches Meer libanesischer Flaggen: rot-weiß-rot mit dem grünen Zedernbaum in der Mitte. Nacheinander ertönten die Lieder von Fayruz und manchmal sogar die des außerhalb Ägyptens vergessenen El Sheikh Imam.

»Das sind doch keine Proteste! Das ist ein Festival!«, sagte mir meine Mutter am Telefon. In ihrer Stimme hörte ich Bewunderung, wer würde nicht genau so protestieren wollen? In Zelten wurden mit einem mir bisher unbekannten Maß an Zivilität und Feinsinn respektvolle, aber vor allem kluge politische Debatten geführt; seit Jahrzehnten ungenutzte Gebäude wurden besetzt und darin Vorlesungen, Theater- und Filmaufführungen veranstaltet. Nachts entstand in einer Ecke des Platzes sogar ein Techno-Dancefloor. Dort tanzten die wohlhabenden Studenten der Amerikanischen Universität Beiruts (8000 Dollar pro Semester) unmittelbar neben jungen Männern aus den prekären Beiruter Vororten, Menschen aller Schichten nur wenige Zentimeter voneinander entfernt. In dieser Gesamtheit habe ich so etwas als Syrer wie als Deutscher noch nicht erleben dürfen.

Meine acht Jahre in Syrien (2004–2012), die bis zu meinem achtzehnten Lebensjahr dauerten, waren vor allem eine politische und intellektuelle Enttäuschung: ein totalitäres Regime, das nur Gleichschaltung, Denkzwänge und Erwartbares zuließ. In meiner jugendlichen Naivität übertrug ich dies auf die gesamte arabische Welt. Doch Beirut war anders, hatte einen anderen Rhythmus, einen anderen Takt, auch für Edward Said: »Beirut's genius was that it responded immediately to our needs as Arabs in an Arab world gone prison-like, drab and insufferably mediocre.«[2]

In Beirut fasste ich den Entschluss, zu promovieren. Dass sich aus meinem Dissertationsthema kein Nahostbezug herauslesen lässt, sondern es eurozentrisch konventionell um Legitimitätsfragen liberaler Demokratien geht, spricht eher für als gegen den ungezwungenen akademischen Geist Beiruts. Eine Stadt voller Laster und Verschwendungssucht, aber wenn man sie sich leisten konnte, auch eine Stadt mit nicht zu leugnender Brillanz: »Fast hättest

2 *Edward Said reflects on the fall of Beirut*. In: *London Review of Books* vom 4. Juli 1985.

Du mich überredet, Beiruter zu werden«, sagte Agrippa zu Paulus.

Beirut liegt schön, die Küste musste eine Stadt herlocken. Wie sieht diese Stadt aus? Osmanisch-levantinisch, mit rechteckigen (mal roten, mal grünen) Fensterläden, Rundbogentüren zum Balkon, schlichte Sandsteinfassaden, minimalistisch und doch elegant. Französisch-levantinisch, keine Fensterläden mehr, dafür kleine Balkone und geschwungene Ornamente. Dazu schöne Cafés, hippe Cafés mit Helvetica-Beschriftungen, elegante Restaurants mit ausgezeichneter französischer Küche – aber wenn man schon mal da ist, dann doch lieber arabisch-levantinisch. Clubs auf Dächern und in Kellern, mal mondän, mal bonzig, mal alternativ. Ja, Beirut ist schön und elegant; in frankophoner levantinischer Manier sagt man hier *oh là là* ebenso wie *maschallah*, und fällt der Blick auf einen von Ratten und Kakerlaken verseuchten Müllberg, dann *fi!* und *tfi!* Kinderbettler an fast jeder Ecke, Müllberge, Verwahrlosung, Einschusslöcher, die teilweise bis zu fünfzig Jahre alt sind. Beirut ist eben auch dreckig, stickig und laut.

Und all das ist irgendwie politisch. Politische Menschen, politische Autos und politische Straßen. Dort wehen die Flaggen der christlich-maronitischen Kata'ib-Partei (Phalangisten), südwestlich, nur wenige Häuserzüge weiter, nicht mehr im christlich geprägten Aschrafiyya, sondern im gemischten Basta-Viertel, erfasst das Auge in einigen Straßen plötzlich Fahnen der schiitischen Amal-Partei. Zwei Fraktionen, die sich im Bürgerkrieg gnadenlos bekämpften. Und noch weiter südlich, im ehemals sunnitisch-christlichen, bürgerlichen Zokak el-Blat, heute geprägt von einer schiitischen Petit Bourgeoisie und Arbeiterschicht – der Kontrast zwischen monotonen Wohnblocks, gläsernen Hochhäusern und verfallenden Palästen und Herrenhäusern macht diese soziale Zäsur erkennbar –, hängen Bilder des kürzlich getöteten Hisbollah-Führers Hassan Nasrallah. Von der glamourösen, hochpreisigen Cocktailbar bis zur ersten Flagge der radikal-schiitischen Hisbollah-Partei über dem heruntergekommenen Teestübchen sind es gerade einmal fünfzehn Minuten Fußweg.

### *Gebrochene Erinnerungen – Slums und Smokings*

Vielleicht war es auch diese räumliche Nähe, die den Protesten Dynamik und Gegendynamik verlieh. Der berühmte Protestruf jener Tage – »Kellon ja'ni kellon!« (»Mit allen meinen wir auch alle!«) – wurde zum performativen Sprechakt mit multikonfessionellem Anspruch, gerichtet gegen die Oligarchen, die alten Warlords und ihre Söhne, die seit dem Taif-Abkommen 1989 – der Vereinbarung, die den Bürgerkrieg zumindest formell beendete – die politische Landschaft dominierten. Nun breitete sich in einigen Köpfen der Schiiten Beiruts Unsicherheit aus: »Meinen sie etwa auch die Hisbollah?« Am 29. Oktober 2019 strömten, höchstwahrscheinlich auf Befehl von Hisbollah und Amal, junge Männer mit Schlagstöcken auf Motorrädern aus schiitischen Vierteln ins Protestzentrum nahe der Downtown. Tage später bin ich einigen von ihnen begegnet. Ich wusste es, weil sie sich mit der Zerstörung des Protestlagers brüsteten. Das waren die jungen Männer, die ich bisher jeden Tag an den Plastikstühlen und -tischen des Kioskcafés in meiner Nachbarschaft gegrüßt hatte.

Auch wenn die Hisbollah in den Sprechchören der Proteste nie direkt kritisiert wurde, war sie doch indirekt mitgemeint. Die Proteste richteten sich gegen den Status quo: ein zutiefst korruptes, konfessionsübergreifenden Machtkartell, das seit Jahrzehnten Legislative und Exekutive fest im Griff hält – und die Hisbollah ist ein Teil davon. Derweil befindet sich die stolze libanesische Mittelschicht in einem nicht aufzuhaltenden Zerfallsprozess. In diesem Kontext des legislativen und exekutiven Stillstands, der nicht allein, aber eben auch durch die Hisbollah verursacht wird, und der katastrophalen israelischen Interventionen, die wiederum – wenn man sich auf libanesische Akteure beschränkt – eben nur durch die Hisbollah verursacht werden, erscheint die Rolle des Sündenbocks nicht unplausibel. Aber: Selbst wenn die Hisbollah verschwände, wäre die Krise der libanesischen Unregierbarkeit kaum gelöst. Das Kartell würde weiter existieren. Doch in einer Wahrnehmung, die von verzweifelten wie auch naiven Annahmen geprägt ist, wird die Frage um den Fortbestand oder das Verschwinden der Hisbollah zu einer existenziellen Herausforderung für den Libanon gedeutet. Es sind Annahmen, die von gebrochenen Erinnerungen getrieben werden.

Wenn sich christliche und sunnitische, junge wie alte Beiruter an den Vorkriegslibanon erinnern, dann manifestiert sich in ihren Köpfen eine »Goldene Ära«: Dinnerpartys, Smokings, Bikinis, Jetskis und Cocktailbars – ein verlorenes Paradies, eine Vergangenheit ohne Ecken und Kanten. Schiitische Zeitzeugen hingegen – soweit liegt es ja nicht zurück – erinnern sich noch ganz genau an Slums, fehlenden Strom, verschmutztes Wasser und an unbarmherzige Sommer wie Winter; als Tagelöhner verdienten sie in Beirut ihren Lebensunterhalt, in Konkurrenz stehend mit den ebenso sozial marginalisierten Kurden.

Dann betrat 1959 Musa as-Sadr – Kleriker, Politiker und Vordenker der modernen schiitisch-islamischen Soziallehre – die Bühne. Er gründete Wohltätigkeitsorganisationen, Schulen und schließlich 1974 die Amal-Partei. Zum ersten Mal erlebten sich die Schiiten als Gemeinschaft und als politische Akteure, die in der Lage waren, Ansprüche auch durchzusetzen. Als Sadr 1978 während einer Reise nach Libyen spurlos verschwand, blieben die von ihm geschaffenen Institutionen, Strukturen und Erwartungen. Hinzu kam der wachsende iranische Einfluss auf die Schiiten des Libanons; und aus all dem ging dann 1982 die Hisbollah hervor. Und die Hisbollah mit ihren kräftigen Finanzspritzen aus dem Iran und dem Rauschgifthandel gibt der Bevölkerung gut ausgestattete Schulen, Renten, Häuser, zinslose Kredite und Geld für Krankenhausoperationen; kein Staat im Staat, mehr wie ein funktionierender Wohlfahrtstaat in einem dysfunktionalen Staat. Unter diesem Gesichtspunkt formuliert sich für die libanesischen Schiiten der Rahmen ihrer Entscheidung: Es ist eine Entscheidung zwischen einem Leben mit und ohne Würde, eine Entscheidung, die streng genommen keine wirkliche Handlungsautonomie zulässt. Schließlich auch eine Entscheidung, die zu dieser Gegendynamik vom 29. Oktober 2019 führte.

Als ich an diesem Tag von dem Überfall hörte, habe ich mich direkt auf den Weg gemacht. Ich traf ein, kurz nachdem die Schlägertrupps verschwunden waren. Am Protestlager waren Zelte eingerissen, manche brannten noch, Tische und Stühle zerstört, zerbrochene Wasserpfeifen, aus den Stirnen rann Blut, der Elan der vergangenen Tage schien gebrochen. Bis plötzlich ein junger Mann der versprengten Menge zurief: »Hariri ist zurückgetreten!«. Saad Hariri, Ministerpräsident und Sohn des 2005 ermordeten Rafik Hariri. Der junge Mann stand auf dem Sockel der Märtyrerstatue – ursprünglich sollte sie an die 1916 gehängten arabischen Nationalisten erinnern, durch ihre nach der Restauration bewusst belassenen Schäden erinnert sie heute auch an den Bürgerkrieg –, seine Stimme zitterte, er breitete seine Arme weit aus: »Wir stehen erst am Anfang. Wir müssen uns auf einen langen Kampf einstellen.« Die Menge applaudierte, Menschen fielen sich in die Arme, Männer weinten.

Seitdem sind sechs Jahre vergangen. Im August 2020 geschah die apokalyptische Explosion im Beiruter Hafen, deren Spuren bei meinen letzten beiden Besuchen im Jahr 2025 an vielen Orten nach wie vor sichtbar waren. Im Jahr 2024 folgte Hisbollahs Krieg gegen Israel, und am 27. September desselben Jahres wurde Hassan Nasrallah durch einen israelischen Luftangriff getötet. Unterhalb des Nachrichtenradars weltpolitischer Zusammenhänge ereigneten sich großflächige Zerstörungen in Dahieh, der Beiruter Hochburg der Hisbollah und in großen Teilen des schiitischen Südens. Hunderttausende wurden obdachlos – eine humanitäre Katastrophe. Doch eine Katastrophe, die – so zynisch es klingen mag – die Bedingungen für neue Perspektiven schuf. Gegen die Widerstände einer stark geschwächten Hisbollah im Parlament konnte sich am 8. Februar 2025 die neue technokratische Regierung von Nawaf Salam und Joseph Aoun formieren. Und auf einmal scheint die Politik vor Handlungsfähigkeit zu strotzen. Nawaf Salam – Sorbonne, Science Po, Harvard und ehemaliger Präsident des Internationalen Gerichtshofs – verspricht im Finanzsektor und im Rechtswesen so einige radikale Reformen, doch ein Versprechen schlägt besonders hohe Wellen: der Staat als alleiniger Träger von Waffen! »Beirut kehrt zurück« frohlocken einige Libanesen, man müsse nur Geduld haben. Aber Geduld im Libanon ist ein Privileg. Geduld muss man sich bei diesen exorbitanten Lebenshaltungskosten und dieser Inflation im wortwörtlichen Sinn auch leisten können. Trotzdem: die Hisbollah bald keine Miliz mehr, sondern eine Partei wie jede andere?

»Unmöglich!« – »Aber natürlich. Hast du damals geglaubt, dass die Palästinenser jemals ihre Waffen abgeben würden?« Es ist Ende März 2025, und ich lausche einem Gespräch zwischen zwei älteren Männern in einem Café im Stadtteil Hamra. Dem Gespräch war ein lauter Knall vorausgegangen, ein israelischer Angriff auf die Hisbollah in der Dahieh. Die unzähligen Tragödien, die das Unmögliche möglich machen sollten, erwähnen die beiden Männer nicht.

Der amerikanisch-palästinensische Historiker Rashid Khalidi, der damals auch in Beirut gelebt hat, erinnert sich: »Nevertheless, the idea that [the PLO] might be forced to leave Beirut would have seemed fantastic to most of them on the eve of the 1982 war. It also seemed highly unlikely to many Lebanese.«[3] Die Ähnlichkeiten

3 Rashid Khalidi, *Under Siege. PLO Decisionmaking During the 1982 War*. New York: Columbia University Press 1986.

zwischen der Rolle der PLO im Libanon und der heutigen Rolle der Hisbollah lassen sich nur schwer leugnen. Auch sie war einst als Staat im Staat aus dem Libanon nicht wegzudenken. Und ähnlich wie die Hisbollah wurde sie im Laufe der Zeit von immer mehr Libanesen als destabilisierender Faktor wahrgenommen.

*Das Unmögliche möglich machen*

Schwarzer September – eine Bezeichnung, die sich in der palästinensischen Erinnerung auf den jordanischen Bürgerkrieg (September 1970 bis Juli 1971) und die daraus resultierende Vertreibung der PLO aus Jordanien bezieht und in Israel auf ein anderes Trauma verweist: München. Die Beiruter haben mit diesem Begriff den Vorabend zu ihrer eigenen Katastrophe vor Augen. Seit der Flucht und Vertreibung der Palästinenser 1948 in den Libanon fürchteten die Christen um ihre institutionell paritätisch abgesicherte politische Vormachtstellung, die sich 1943, dem Jahr des libanesischen Nationalpakts, tatsächlich durch eine christliche Bevölkerungsmehrheit noch rechtfertigen ließ.

Die Verlagerung des PLO-Hauptquartiers von Jordanien nach Beirut im Jahr 1971 nahmen die Christen des Libanon mit Argwohn wahr. Denn das bedeutete, dass die Hunderttausenden dort lebenden Palästinenser auf einmal über eine gut strukturierte politische Führung verfügten. Obwohl sich der sozialistische Panarabismus in Ägypten und Syrien schon damals auf dem absteigenden Ast befand, besaß er im Libanon – durch die neue PLO-Präsenz noch einmal befeuert – immer noch eine Sogwirkung und damit auch in den Augen der ihn ablehnenden christlichen Akteure ein gefährliches Mobilisierungspotenzial. Anders als häufig angenommen, hatte der libanesische Bürgerkrieg nicht nur eine identitätspolitische Komponente, sondern wurde zumindest anfangs auch durch – bis heute – ungelöste Umverteilungsfragen angetrieben

Im Frühjahr 1975 nahm der libanesische Bürgerkrieg in Beirut seinen Anfang. Ein Krieg der Ideen, Wünsche, Träume, Hoffnungen und Ängste – wie wird der Libanon von morgen aussehen? Ein Kampf zwischen Palästinensern, linken panarabischen Sympathisanten und Drusen gegen rechtsgerichtete christliche Maroniten, Schiiten (Amal) gegen Palästinenser, Schiiten (Amal) gegen Schiiten (Hisbollah), Schiiten gegen Maroniten, zwischendrin und dann zum Ende hin Maroniten gegen Maroniten (Ehden Massaker vom 13. Juni 1978, Qaa Massaker vom 28. Juni 1978). Fünfzehn Jahre lang ging das so weiter. »Trying to figure out what is happening or who is fighting whom for what reason is like catching clouds«, schrieb Said 1985 resignierend. Durch direkte Interventionen Syriens (ab 1976) und Israels (ab 1978) wurden Bündnisse zügig gebildet und ebenso rasch gebrochen. Zugleich bereiteten die zwei intervenierenden Regionalmächte auch den Boden für zwei grausame Höhepunkte des Konflikts: die Massaker von Tel al-Zaatar (1976) und von Sabra und Schatila (1982).

Im Januar 1976 wurde das palästinensische Flüchtlingslager Tel al-Zaatar, die letzte größere palästinensische Enklave im christlich kontrollierten Ost-Beirut, von einer Koalition christlich-maronitischer Milizen belagert. Weil eine palästinensische Vorherrschaft im Libanon eine syrische Vorherrschaft womöglich torpediert hätte, intervenierte Syrien unter Hafiz al-Assad entgegen allen Erwartungen zugunsten der christlichen Milizen. Mithilfe der Syrer durchbrachen die christlichen Milizen nach sechs Monaten Belagerung die palästinensischen Verteidigungslinien.

Sechs Jahre später, am 21. August 1982, kam es zu dem bis dahin für unmöglich gehaltenen Wendepunkt, über den die zwei Männer im Café sprachen: Unter dem Druck einer israelisch-maronitischen Übermacht legten die PLO-Kämpfer ihre Waffen nieder und stimmten einem Abzug nach Tunesien zu. Auf Booten verließen sie Beirut, Hunderttausende Palästinenser blieben zurück. Unter den Bootsinsassen war auch der palästinensische Nationaldichter Mahmud Darwisch: »Wir haben gesagt, dass wir gehen werden. ›Übers Meer‹, sagten sie. ›Übers Meer‹, echoten wir.« Als am 14. September der gerade eingesetzte und von Israel unterstützte Präsident und Milizenführer Bachir Gemayel – unter Zutun des syrischen Geheimdiensts – ermordet wurde, rückten israelische Streitkräfte ungeachtet früherer Zusagen in West-Beirut ein. Die israelische Armee riegelte das palästinensische Flüchtlingslager Sabra und Schatila von außen ab und erlaubte – manche sprechen sogar von einem Befehl – den verbündeten maronitischen Phalangisten, ins Lager vorzurücken. Offiziell sollten dadurch bewaffnete PLO-Überreste aufgespürt werden.

Am 12. August 1976 in Tel al-Zaatar und an den Tagen zwischen dem 14. und 16. September 1982 in Sabra und Schatila führten christliche Milizen unter den Augen syrischer beziehungsweise israelischer Streitkräfte Massaker an Palästinensern durch. Bei diesen Massakern wurden Tausende unbewaffnete Palästinenser durch Hinrichtungen, Folter und Vergewaltigungen getötet, unzählige Leichen wiesen Verstümmelungen auf, Männer wurden kastriert und schwangeren Frauen die Bäuche aufgeschlitzt.

### *Beirut, Tel Aviv, Berlin*

»If I forget Sabra and Shatila I shall forget Jerusalem«, schrieb ein Demonstrant 1982 in Tel Aviv auf sein Schild. Beirut markierte einen Perspektivwechsel. »Was machen wir dort eigentlich?« War man noch Verteidigungsnation? Wer damals in Tel Aviv »Beirut« sagte, hätte ebenso gut »Vietnam« in Amerika sagen können. Hunderttausende Israelis forderten nun ein Ende des Krieges und den Rücktritt von Menachem Begin und Ariel Scharon. Beirut brachte die New Historians hervor, Beirut wurde zum Ursprung einer kritischen israelischen Zivilgesellschaft: »There is another Israel, living on its conscience, not only on its sword, a country of constructiveness and human dignity«, sagte Schimon Peres.

Beirut als Projektionsfläche für ein anderes Israel, die Verbrechen Beiruts als negative Kontrastfolie. Dieses Israel, das in seiner Kahan-Kommission die Verbrechen von Sabra und Schatila mit beeindruckender Akribie aufarbeitete, begründete zugleich den Mythos des israelischen Rechtsstaats. In der Bundesrepublik, in der zeitgleich eine Erinnerungskultur aufkeimte, die Selbstkritik als Ausweis zivilisatorischer Reife versteht, stieß all das auf besondere Sympathie. Vermutlich ist es noch immer die Erinnerung an dieses selbstkritische, moralisch wachsame Israel, die eine ältere Generation von Feuilletonisten und Professoren in Deutschland vor Augen hat, wenn sie mit der Kritik einer jüngeren Generation konfrontiert wird, die eine andere Sozialisierung erfahren, dieses Israel wahrscheinlich nie erlebt hat und folglich ihre Kritik am Gaza-Krieg aus gänzlich anderen Annahmen herleitet. Kritik am Gegenstand ist somit auch eine Frage von erlebter Erinnerung und Erinnerung aus zweiter Hand.

Für die Palästinenser lieferte Beirut nicht das Bild eines anderen, sondern die Verheißung eines möglichen Palästina. Zwischen 1971 und 1982 verdichtete sich hier, auf einem Quadratkilometer, »the closest thing they had to a political, intellectual, financial, administrative, and spiritual capital«, so Khalidi. Selbst diejenigen, die die Stadt nie betreten hatten, empfanden sie als den einzigen Ort, an dem sie würdig vertreten wurden: »For those suffering the daily humiliation of the Israeli occupation, as well as for others subjected to varying levels of intolerance in the Arab host countries, the P. L. O.'s presence in Beirut meant a great deal.« Die Strukturen der PLO erreichten damals ein staatliches Organisationsniveau, das weder vor 1948 noch in den Jahrzehnten danach erreicht werden sollte. Für die Palästinenser hörte die Goldene Ära Beiruts nicht in den 1970er Jahren auf, sie begann erst. Said, der zu der Zeit in Beirut lebte, sprach später wehmütig von einer »Palestinian Renaissance«. Die geistigen Erzeugnisse dieser kurzen Phase sind immens: Zeitungen gingen in Druck, Literatur- und Fachjournale zirkulierten, Forschungszentren wie das renommierte Institute for Palestine Studies schufen ein intellektuelles Fundament. Historiker wie Walid Khalidi schrieben Standardwerke, die bis in die Arbeiten israelischer Historiker hineinwirkten. Beirut war für die Palästinenser der Beweis, dass Palästina existieren konnte, und der Ort, an dem sie am klarsten sahen, wie es hätte aussehen können.

Der Abzug der PLO aus Beirut läutete auch den nun langsam eintretenden Bedeutungsverlust der Palästinenserorganisation zugunsten radikal-islamischer Gruppierungen ein. »Ich hasse Abu Ammar [Jassir Arafat], und du wirst mich niemals vom Gegenteil überzeugen können!« – schnappte ich vor zwei Jahren einmal zufällig auf, als ich an einer Gruppe älterer palästinensischer Männer im arabischen Teil der Sonnenallee vorbeiging. Unter den Palästinensern Berlins befinden sich auch Überlebende von Tel Zaatar sowie von Sabra und Schatila. Der Großteil der heute in Berlin lebenden Palästinenser stammt aus der durch den libanesischen Bürgerkrieg nach 1948, 1967 und 1971 nun vierten losgetretenen Fluchtbewegung. Bitter, spöttisch und doch mit einem Fünkchen Humor bezeichnen sie Neukölln als ihr Flüchtlingslager.

Für die Palästinenser fügen sich die Ortsnamen in ein Narrativ ein, das von einer Verkettung von Katastrophen geprägt ist. Nach der Nakba und dem Sechs-Tage-Krieg (Naksa) sahen sich die Palästinenser durch den Libanonkrieg nun mit ihrer dritten großen Katastrophe konfrontiert. Im abergläubischen Sinn erwiesen sich Tel Zataar, Sabra und Schatila als böse Vorahnungen, im säkularen Sinn als Hinweise auf »Wiederholungsstrukturen«, die sich in ihrem »Erfahrungsraum« eingenistet haben. Im kleinen Rahmen standen sie für das, was sich bald im großen wiederholen würde: Jarmuk und Gaza.

Sieben Jahre nach der Zerstörung Jarmuks unterhielt ich mich in einem Beiruter Wohnzimmer mit einem Palästinenser aus jener Stadt, die am Rand von Damaskus lag: »Ich war damals zu jung. Ich hätte alles bewusster wahrnehmen können. Mir war das alles zu selbstverständlich. Ich war ein Palästinenser unter Palästinensern, das wusste ich aber noch nicht. Ich weiß es erst jetzt, seit ich ein Palästinenser irgendwo in Beirut bin.«

*Vorerinnerungen*

Die Palästinenser, die vermeintlichen Auslöser des Krieges, sind 1982 als Kriegspartei ausgeschieden, dennoch sollte der Krieg noch neun weitere Jahre andauern und an Intensität nicht verlieren. Bei einem Spaziergang durch Beirut erzählte mir meine Mutter, wie sie kurz nach Bürgerkriegsende als junge Frau von Damaskus nach Beirut gefahren war. Jahrzehnte Bürgerkrieg, die Kämpfer abgezogen, aus dem Autofenster erblickte sie eine Ruinenlandschaft, kein Stein stand mehr auf dem anderen. Und ähnlich wie Edmund Husserl eine Erwartung auch als »Vorerinnerung« bezeichnet, so beschlich mich in dem Moment, in dem meine Mutter mir von ihren alten Eindrücken in Beirut erzählte, das unheimliche Gefühl, dass diese Eindrücke bald auch meine Erinnerungen sein würden, nein, ich war mir sogar ziemlich sicher. Ich würde sogar ihre genaue Wortwahl für ihre Eindrücke nutzen, um meine Eindrücke zu beschreiben. Dreißig Jahre später fuhr ich durch eine andere Ruinenlandschaft – die ihrer einzigen Heimat: Syrien.

Der türkische Politikwissenschaftler Hamit Bozarslan stellte vor kurzem resigniert fest: Der Krieg innerhalb der Städte im Libanon, die Herrschaft der Milizen waren nur ein Vorspiel. In einer erschreckenden Gleichzeitigkeit hielten die 2010er Jahre ähnliches für den Jemen (nur eine Miliz), für Syrien (120 Milizen), Libyen (300 Milizen) und den Irak (40 Milizen) bereit. Mit einem Unterschied: »Lebanon experienced oblivion and impotence long before these lands of violence.«[4] Und diese empfundene Ohnmacht sei dann in eine dumpfe Indifferenz übergegangen. Eine Apathie gegenüber der Politik, eigentlich dem Leben als Ganzem. Die syrischen und palästinensischen Flüchtlingscamps und die Armenviertel Beiruts ächzen unter der Last von Gewalt und Drogenhandel. Ihre Jugend, die Araber von morgen, zugedröhnt bis zum Delirium, nichts denkend, nichts fühlend, nichts wollend, mit ihren halbgeöffneten Augen blicken sie durch die Einschusslöcher vergangener Gewalt. Wunschlos im Unglück sind sie, die Prinzen Beiruts, die Könige der Levante.

»It will shock you how much it never happened«, dieser Schlüsselsatz aus *Mad Men* hätte ebenso gut den Überlebenden Beiruts nach dem Krieg gelten können. Doch statt des verschlagenen Don Draper spricht ihn Rafik Hariri aus, mehrfacher Ministerpräsident des Libanon und Milliardär mit besten Golf-Kontakten. Hariri strengte nach 1990 den Wiederaufbau der zerstörten Downtown und Corniche an. Allerdings nicht als Erinnerung an die klassen- und konfessionsgemischte Vorkriegs-Downtown, sondern als glatte Kulisse der verklärten »Goldenen Ära«; als Karikatur eines Paris des Nahen Ostens. Vor 1975 säumte die Promenade, die Corniche, ein heterogenes Gewirr aus osmani-

4 Hamit Bozarslan, *The Arab Apocalypse*. In: *Eurozine* vom 11. Juli 2025 (www.eurozine.com/the-arab-apocalypse/).

schen Stadthäusern, Villen im französisch-levantinischen Kolonialstil und modernen Betonwürfeln. Hariris Masterplan ersetzte diesen Flickenteppich durch rasterförmige Straßenzüge und sündhaft teure Glasfassadenapartments mit Meerblick. Der amerikanische Literaturwissenschaftler libanesisch-palästinensischer Herkunft Saree Makdisi notiert treffend, dass die Geschichte damit glattgebügelt worden sei, weil man den Mythos eines »happy Lebanon of the good old days«[5] plausibel halten wollte – ein Libanon aus dem Märchenbuch, in dem weder ökonomische Krisen noch politische Konflikte jemals existiert haben.

Rafik Hariri fiel am 14. Februar 2005 einem Attentat zum Opfer, das national wie international Damaskus angelastet wurde. In dessen Folge verließen die Syrer am 10. April 2005 nach dreißig Jahren Beirut. Sie gingen als Besatzer und Täter und kehrten 2011 als Flüchtlinge zurück.

### *Wassims Plastikstuhl und das geteilte Leid*

Bei meinen drei Aufenthalten in Beirut in den Jahren 2019 und 2025 setzte ich mich abends oft auf Tee und Zigaretten zu einem Kioskbesitzer, den ich hier Wassim nenne. Während meines Besuchs im März dieses Jahres fasste er schließlich Vertrauen und erzählte mir, dem Syrer, von seinen Erfahrungen unter der syrischen Besatzung. Wassim erinnerte sich noch, wie einmal ein Ladenbesitzer flehte, es doch bei vier Kilo Tomaten zu belassen, während der Offizier auf dreißig Kilo bestand – selbstverständlich aufs Haus. Einmal traf es ihn direkt. Er saß mit seiner Familie an der Strandpromenade, als eine Gruppe syrischer Soldaten alle Stühle und Tische forderte. Alle waren eingeschüchtert, nur sein Onkel widersetzte sich. Nur ein einziges Mal die Würde bewahren. Die Soldaten nahmen seinen Onkel mit, und er verschwand für acht Jahre von der Bildfläche – wegen eines Plastikstuhls.

Tausende Libanesen kehrten aus den syrischen Gefängnissen nie zurück. Nach offizieller Linie wollte Syrien den inneren Frieden bewahren. Tatsächlich betrachtete Hafiz al-Assad den Libanon eher als syrische Provinz denn als souveränen Staat. Syrien trat nicht als Befrieder, sondern als Sieger des Krieges auf, und folglich behandelten syrische Offiziere das Land als Kriegsbeute. Die Offiziere entführten Frauen am hellichten Tag von der Straße, nahmen sie zu Mätressen, Autos wurden aus irrsinnigsten Gründen »beschlagnahmt«, Beirut wurde zur Spielwiese. Kandidaten, die dem syrischen »Reichsverweser« im Libanon Ghazi Kanaan missfielen, verschwanden kurzerhand von Wahllisten. Hinzu kam eine langwierige Welle von Attentaten gegen besatzungskritische Stimmen – Politiker, Journalisten wie Intellektuelle. Weder Durchschnittsbürger noch Elite waren vor der Willkür des syrischen Besatzungsregimes sicher. Jahrzehnte der Demütigung.

»Ich habe lange gebraucht, um den Syrern zu verzeihen«, sagte Wassim. »Lange, um zu verstehen, dass sie genauso Opfer dieses Regimes waren wie wir.« Ich war baff. Solche Worte hörte ich in dieser Stadt zum ersten Mal. Meistens hatte ich es vermieden, mich als Syrer zu erkennen zu ge-

5 Saree Makdisi, *Beirut/Beirut*. In: *Tamáss I. Contemporary Arab Representations: Beirut/Lebanon*. Hrsg. von Catherine David. Barcelona: Fundació Antoni Tàpies 2002.

ben. Manchmal hatte eine einfache Frage nach dem Weg genügt: »Dein Akzent ... bist du Aleppiner?« Ich wusste von Freunden, die als syrische Flüchtlinge in Beirut Feindseligkeiten und Erniedrigungen erlebt hatten. Ich wusste von marodierenden Banden, die nachts Jagd auf Syrer gemacht hatten. »Kommt jetzt was?« Bisher hatte ich immer Glück. Die Reaktionen hatten sich häufig auf ein irritiertes »Du siehst ja nicht wie ein Syrer aus« beschränkt. Mehr Toleranz hatte ich nie erlebt und angesichts dieser Vergangenheit nicht erwarten wollen. Eine Reihe unmöglicher Ereignisse, die dem Ganzen vorausgingen, haben nun diesen unmöglichen Moment ermöglicht: kein bloßes Tolerieren meiner Anwesenheit, sondern Mitgefühl. Die Bilder aus dem Foltergefängnis Saydnaya, die Massengräber um Damaskus; diese Geschichten, die nun ans Licht kamen, sprachen für sich.

»Ihr Christen wisst doch gar nicht, was Leid ist!«, ruft der Palästinenser Yasser Salameh dem maronitischen Christen Tony Hanna in Ziad Doueiris Film *Der Affront* (2017) zu. Tony, Überlebender des Massakers von Damur im Jahr 1976, wo palästinensische Kämpfer Hunderte christliche Einwohner töteten und vergewaltigten, schlägt daraufhin Yasser nieder. Yasser steht auf, entschuldigt sich und geht. Doueiri verzichtet in seinem Film bewusst auf eindeutige Täter-Opfer-Zuschreibungen, ebenso auf eine Hierarchisierung des Leidens der Opfergruppen des Bürgerkriegs. Noch expliziter als in seinem früheren Werk *Die Kinder von Beirut* (1998), der die Freundschaft eines muslimischen Jungen mit einem christlichen Mädchen inmitten des Bürgerkriegs thematisiert, vermeidet er die Festlegung auf eine allein gültige historische Erzählung und vermittelt den Krieg als gemeinsam geteilte Erfahrung, im Schönen wie im Unschönen. Versöhnung geschieht hier nicht entlang klarer Schuldzuweisungen sowie -eingeständnisse, sie geschieht in der Anerkennung des gemeinsam erlittenen Leids.

»Wie sollen wir mit dieser Pluralität vielfältig gebrochener Erinnerungen umgehen?«, schrieb Reinhart Koselleck zum sechzigsten Jahrestag des 8. Mai.[6] Nicht immer muss man in fragmentierten Gesellschaften, an Orten mit gebrochenen Erinnerungen um des sozialen Friedens willen schweigen. Und weil die Erwartungen, die an das »richtige« Erinnern gestellt werden, nicht nur immens, sondern auch widersprüchlich sind, erweisen sich Enttäuschungen fast zwangsläufig als die wahrscheinlichsten Ereignisse. Die empfundene Unmöglichkeit des Nichtenttäuschtwerdens führt folglich zu einer besonderen, nicht zu leugnenden Wertschätzung jener sehr seltenen Momente, in denen die Enttäuschung erfreulicherweise dann doch ausbleibt.

6 Reinhart Koselleck, *Der 8. Mai zwischen Erinnerung und Geschichte*. In: Ders., *Vom Sinn und Unsinn der Geschichte*. Berlin: Suhrkamp 2013.

## *Die Farbe ihres Passes*

*Von Patrick Hönig*

### *I.*

Warum wir nicht in Deutschland heiraten, fragte man uns nur in Deutschland. Und es ist nicht so, als hätten wir uns nicht kundig gemacht. Nichts überstürzen, sagte uns der Standesbeamte im Beratungstermin. Er gab uns Formulare, mit deren Hilfe meine Frau einen Antrag würde stellen können, um nach der Ausreise für die Hochzeit wieder einreisen zu können. Und bevor wir verheiratet wären, also vor der Wiedereinreise meiner Frau, würde das zuständige Oberlandesgericht prüfen, ob wir es ernst meinen mit dem Heiraten.

Das wollten wir lieber selbst entscheiden, meine Frau und ich. Wir kannten uns acht Jahre, lange genug, schien uns, um zu beurteilen, was der nächste Schritt für uns sein sollte. Ringe ließen wir uns schnell noch machen, bei einer Goldschmiedin im Viertel. Ringe seien eine Frage des Typs, des Teints und manchmal auch der Pigmentierung, sagte sie, und da hatte sie Recht. Wir haben nicht die gleichen Ringe, meine Frau und ich. Meiner schimmert rötlich, der meiner Frau gelblich. Jetzt waren wir also in Dänemark, auf einer kleinen Insel, auf die sich im Januar kaum ein Paar verirrt, es sei denn, um miteinander die Ehe einzugehen.

Es war eine kleine Hochzeitsgesellschaft, die sich im Standesamt der dänischen Insel eingefunden hatte. Außer meiner Frau und mir waren nur drei weitere Personen im Raum, die Standesbeamtin, die, wie sie sagte, auf der Insel geboren war, aber lange im europäischen Ausland gelebt hatte, und unsere beiden Trauzeuginnen, zum einen unsere Fotografin, die für das Wochenende aus Manchester angereist war, zum anderen die Chefin der Agentur, an die wir uns mit der Bitte um einen kurzfristigen Termin zur Eheschließung gewandt hatten. Auch sie war »von der Insel«, aber geboren in Japan und in der Welt herumgekommen.

Die Zeremonie war kurz. Meine Frau und ich legten unsere Pässe und Geburtsurkunden vor, außerdem hatte ich eine Meldebescheinigung mitgebracht, dann sahen wir uns in die Augen und sagten: Ja. Niemand in der Runde schien es an diesem Freitagvormittag eilig zu haben, und so stießen wir mit einem Glas Champagner an und plauderten ein wenig. Den Korken der Flasche gab man uns mit, als Glücksbringer, ein dänischer Brauch. Dann zogen wir los und machten mit unserer Fotografin Hochzeitsbilder in den leeren Gassen des kleinen Ortes, im Schilf und am Strand. Natürlich habe ich ein Lieblingsfoto. Es zeigt meine Frau von hinten, eiligen Schritts auf der Straße am Meer; sie rafft das Hochzeitskleid ein wenig, und darunter sieht man die Boots, die sie in der Kälte trägt.

Für den Abend gab man uns einen Tipp: die kleine Gastwirtschaft in dem Gebäude, in dem wir untergekommen waren, ein ehemaliges Handelskontor. Wir setzten uns dazu, in Jeans und Pulli, und bestellten eines der beiden Gerichte, die zur Auswahl standen, und ein Bier. Jemand sagte beiläufig »Glückwunsch«, und wir sagten »Oh«. Offenbar waren wir beim Fotografieren nicht unbemerkt geblieben, man hatte uns zugesehen.

Eine rauschende Ballnacht gab es nach unserer Rückkehr nach Deutschland nicht. Ein Essen mit der Familie, also meiner Familie, eines mit Freunden, also meinen Freunden, dann besuchte meine Frau weiter den Deutschkurs an der Volkshochschule, und ehe wir uns versahen, war die Zeit um, und meine Frau musste wieder ausreisen. Aber warum, fragten Familie und Freunde, ihr seid doch jetzt verheiratet. Das stimmte, aber es nützte nichts, auch nicht, dass wir alle Unterlagen beisammenhatten, die für die Erteilung eines Aufenthaltstitels nötig gewesen wären. Eine Ehe, die in einem Land der EU geschlossen wird, ist zwar in jedem anderen Land der EU gültig, aber die »Dänemarkehe«, wie sie im Migrationsrecht heißt, ist bei deutschen Behörden nicht beliebt. Es geht ums Prinzip. Wer mit einem Schengen-Visum eingereist ist, hat mit Ablauf der Besuchszeit auch wieder auszureisen; ändern lässt sich der Status, egal was passiert, nicht mehr. Meine Frau würde also ausreisen, die deutsche Botschaft in Afrika ein Visum zur Wiedereinreise erteilen, und dann würde meine Frau wiederkommen und bleiben können. Als meine Frau, die sie ja schon war.

*II.*

Der Tag, an dem meine Frau ausreiste, aus meinem Land, im Stand der Ehe, nicht weil sie wollte, sondern weil sie musste, war diesig und klamm. In der S-Bahn zum Flughafen der Nachbarstadt war es still. Es war halb vier in der Frühe, und mit uns fuhren eine gehörige Portion Müdigkeit, viele Fragen und zwei Mitarbeiter des Sicherheitsdiensts. Wir nahmen einen Kaffee am Flugsteig, dann drückte meine Frau ihre Bordkarte in den Scanner und verschwand hinter der Schranke. Ich fuhr mit der S-Bahn zurück und stieg am Südbahnhof aus. Aus dem Nebel stieg das Justizgebäude auf. Eine Party im besetzten Haus nebenan ging zu Ende. Ich würde die Tage zählen, bis meine Frau wieder da wäre, denn darauf hatte sie jetzt einen Anspruch, egal, ob es mit der Wohnung klappt oder wie viel Geld ich verdiene. Man nennt es privilegierten Ehegattennachzug, privilegiert, weil ich Deutscher bin.

Wie lange kennt ihr euch, wurde ich oft gefragt, aber kaum jemand wollte wissen, wie wir uns kennengelernt haben, in der Stadt, in der meine Frau geboren und groß geworden ist. Dabei mag ich Geschichten lieber als Zahlen und erzähle es immer wieder gern. Ihre Cousine stellte uns vor, wenige Tage nach der Fußballweltmeisterschaft in Südafrika. Die Cousine hatte zu tun, und so lud ich die Frau, die meine Frau sein würde, zum Mittagessen ein. Ich erzählte ihr von einer Reise, von der ich gerade zurückgekehrt war, von einer Stadt, die noch größer und lauter war als ihre. Sofern das möglich sei, setzte ich hinzu, aber meine Frau lachte nicht.

Gut, dass ich nicht da gewesen sei, sagte sie nur. Warum, erzählte sie mir am nächsten Tag in einem Interview für ein wissenschaftliches Projekt, von dem ich, glaube ich, damals schon wusste, dass es nirgendwohin führen würde. Während der Übertragung des Endspiels hatte es zwei Anschläge in ihrer Stadt gegeben, einen auf ein Restaurant, einen auf dem Spielfeld eines Rugby Clubs, auf dem sich Menschen zum Public Viewing versammelt hatten. Es gab viele Opfer, und unter den Toten waren zwei Freunde meiner Frau. Sie war noch am Tag des Anschlags mit ihnen zusammen gewesen, und natürlich hatten sie gefragt, ob sie mitkommen wolle, das Spiel anschauen. Sie war nach Hause gefahren und hatte ihre Freunde am Abend nicht mehr erreichen können. Wie sie mit ihrer Trauer und Wut umging, wollte ich wissen. Meine Frau beantwortete die Fragen, die ich ihr stellte, so gut sie konnte, und als sie keine Worte mehr fand, um auszudrücken, was niemand erklären kann, machte ich den Rekorder aus. Sie saß da, eine Strähne ihrer grüngefärbten Haare vor den Augen und schaute zu Boden; sie weinte nicht. Wir tauschten Nummern, und ich sah ihr nach, wie sie die Straße hinunterging, zum Busbahnhof, und noch eine kleine Weile bemerkte ich, als hätte es etwas zu bedeuten, immer wieder einen hüpfenden grünen Punkt in der Menge.

Meine Frau ging nach China, zum Arbeiten, ich nach Indien, manchmal schickten wir uns Textnachrichten, manchmal telefonierten wir. Wir sahen uns wieder, drei Jahre später, in Istanbul. Meine Frau kam, um mich abzuholen, zum Flughafen, dem alten, der nach dem Staatsgründer benannt ist, Kemal Atatürk. Mit dem Taxi fuhren wir zurück in die Stadt. Es leuchtete blau, das also war der Bosporus. Wir gingen zur Biennale und in das Museum der Unschuld, benannt nach dem gleichnamigen Roman des Schriftstellers Orhan Pamuk. Im Buch geht es um eine Liebesgeschichte, die zur Gründung eines Museums führt. Beide, der erdachte und der wirkliche Ort, befinden sich in einem verwinkelten Viertel im Bezirk Beyoğlu, dem historischen Pera. Auf dem Weg zum Taksim-Platz kamen wir an kleinen Läden und Cafés vorbei, und es hätte ein Sommertag sein können wie andere auch, hätten wir nicht bemerkt, dass sich in den Seitenstraßen des İstiklal Sturmeinheiten der Polizei sammelten. Es war die Zeit der Gezi-Proteste, und wer nicht rechtzeitig von der Straße kam, geriet in einen Kessel. Istanbul verlor in diesen Wochen seine Unschuld, Museum hin oder her, und meine Frau ging zurück in ihre Stadt. Sie ging allein, aber nun waren wir zusammen.

Das Endspiel der nächsten WM, in Brasilien, schaute ich in einer Bar in Burundi. Meine Frau sah es gemeinsam mit ihrer Schwester und ihrem Bruder vor dem Fernseher unserer ersten gemeinsamen Wohnung, in ihrer Stadt, die sieben Hügel hat, wie Rom. Die Vorrunde hatten wir noch gemeinsam verfolgt, auch das Spiel gegen Cristiano Ronaldo. Alle in ihrer Familie waren für Deutschland gewesen, aber sonst niemand. Dann war ich aufgebrochen, mit dem Bus über die Grenze, diesmal für ein Projekt, von dem ich wusste, dass ich es abschließen würde. Wenige Tage nach dem Finale holte meine Frau mich am Flughafen ab. Sie hatte das Auto ihrer Schwester geliehen, und auf dem Rückweg kehrten wir in ein kleines Strandrestaurant ein, am Ufer des Sees, der so groß ist wie das größte deutsche Bundesland und so flach, sagt man, wie eine Badewanne. Es gab gegrillten Tilapia und geröstete Kartoffelschnitze, und abends saßen wir auf der Treppe unserer kleinen Wohnung, vor den Toren der Stadt, und erzählten uns Geschichten, von Weltmeister zu Weltmeister. Wir hatten drei Monatsmieten Kaution gezahlt und unser letztes Geld getauscht. Am Ende blieb uns gerade noch genug für eine Tankfüllung, und so fuhren wir durch die Stadt, stundenlang, ohne anzuhalten. In diesen Tagen machten wir Pläne.

*III.*

Im Jahr unserer Heirat würde ich während der Weltmeisterschaft nicht in Afrika sein. Meine Frau würde ein paar Dinge richten, im Haus der Mutter Strom legen und eine Zisterne bauen lassen. Ich würde sie im Mai besuchen und wenig später wäre meine Frau wieder in Deutschland. Ein Visum zu bekommen, das meiner Frau die Wiedereinreise erlaubt, sollte kein Problem sein. Und bleiben kann sie auch. Voraussetzung für die Erteilung eines Aufenthaltstitels ist nach § 5 Abs. 1 des Aufenthaltsgesetzes die Klärung der Identität des Antragstellers. In der Literatur zum Aufenthaltsrecht ist man sich einig, dass die Identität einer Person durch die Vorlage eines gültigen und anerkannten Passes nachgewiesen werden kann, denn der Pass bestätigt, dass die in ihm angegebenen Personendaten den Personalien des durch Lichtbild und Unterschrift ausgewiesenen Inhabers des Papiers entsprechen.[1] Anders liegt es nur bei Staatenlosen, in deren Pass, etwa dem des Landes des gewöhnlichen Aufenthalts, auch eine Rückkehrberechtigung vermerkt sein muss. Aber meine Frau ist keine Staatenlose, und ihr Pass ist wunderschön, ein tiefes Blau.

Auf der Website der deutschen Botschaft erfahren wir, dass das Verfahren zur Erteilung des Visums bis zu drei Monate dauern kann. Ganz schön lange, um zu klären, was zu klären ist. Wenn es ein paar Tage weniger wären, rechnen wir uns aus, wäre meine Frau rechtzeitig zum Endspiel wieder da. Aber die WM in Russland steht unter keinem guten Stern. Das deutsche Team kommt auf dem Gelände eines ehemaligen Sanatoriums im Südwesten Moskaus unter, in Watutinki, also »Hier im Schatten«, was, wenn man der Legende glauben darf, Katharina die Große ausgerufen hatte, als sie, erschöpft von einer Reise, nach einem Ort suchte, um Rast zu machen. Man trainiert unter Ausschluss der Öffentlichkeit, hinter großen Zäunen – und scheidet in der Gruppenphase aus. Aber noch bevor das passiert, am ersten Samstag im Juni, als es noch Hoffnung gibt, dass das deutsche Team seinen Titel verteidigen kann, bekomme ich einen Anruf von meiner Frau.

In der Nacht ist in die Wohnung eingebrochen worden. Der Fernseher ist weg. Meine Frau ärgert sich über die Polizei, die überall Pulver verstreut hat, um Spuren zu sichern. Das Zeug geht nicht mehr raus, sagt sie, und den Teppich muss sie wegwerfen. Erst später erzählt sie mir, dass sie am Morgen viel länger geschlafen hat als gewöhnlich und sich beim Aufwachen benommen fühlte, obwohl sie gleich nach den Nachrichten ins Bett gegangen war. Mich beschleicht ein Verdacht. Meine Frau hat es nicht aussprechen wollen, aber seit Kurzem passiert es in ihrer Stadt immer wieder. Einbrecher machen sich nachts an Fenstern und Türen zu schaffen, leiten Schlafgas in die Wohnung ihrer Opfer und müssen sich um Lärm nicht sorgen. Sie nehmen ganze Schränke mit – oder einen Fernseher, dessen Halterung in der Wand verdübelt ist. Und man weiß es nicht, vielleicht sehen sie auch den Menschen beim Schlafen zu. Für meine Frau ist nach dem Einbruch an Schlaf nicht mehr zu denken, sie bekommt nachts kein Auge zu. Im Juli ist es so schlimm, dass sie ins Krankenhaus geht. Ob sie Stress hat, fragt sie der Arzt. Sie sagt nein, aber es ist klar, dass sie nicht mehr allein in der Wohnung

1 Marie Beyrich, *Recht nur auf dem Papier?* Tübingen: Mohr Siebeck 2024.

bleiben kann. Ob ich kommen soll? Nein, sagt sie, sie wird kommen, wenn das Visum da ist. Meine Frau zieht um, wir zahlen drei Monatsmieten Kaution, eine Ausgabe, die schmerzt, denn auch in meiner Stadt suchen wir eine Wohnung. Wo ist das Problem bei der Erteilung des Visums, frage ich mich und fange an zu lesen.

Eine angesehene britische Migrationsforscherin erklärt, nach welchen Regeln der öffentliche Diskurs funktioniert. Die Figur des Migranten oder der Migrantin werde nicht mit dem Fußballstar in Verbindung gebracht, der aus dem Ausland eingekauft wird, sondern mit der Person, die dessen Haus putzt.[2] Also nicht mit Talent und Zug zum Tor, sondern mit Armut und Bildungsferne. Eine Studie beschreibt das Dilemma der Einwanderungsgesellschaften, die ebendies nicht sein wollen. Einerseits führe der Ehegattennachzug zur Bildung heteronormativer ehelicher Gemeinschaften, die traditionell als Keimzelle der Gesellschaft gelten. Andererseits würden Ehegatten, je nachdem, aus welchem Teil der Welt sie kämen, als Bedrohung wahrgenommen, als »Importeure fremder Kulturen und Wertvorstellungen«, ironischerweise, aufgrund der Versorgerrolle, die ihnen zugeschrieben wird, besonders Frauen.[3] Weil es kein Gesetz gibt, das den Regelfall der Migration – die Erwerbsmigration – regelt, wird der gesetzlich geregelte Ausnahmefall der Migration – Asyl und Familiennachzug – immer weiter erschwert. Drei Monate Bearbeitungszeit für das Visum sind nun um, sechs Wochen haben wir obendrauf gelegt, aber alle Nachfragen bleiben unbeantwortet. Die deutsche Botschaft: eine Sphinx.

Am letzten Tag im August, einem Freitag, habe ich einen Termin bei einem Fachanwalt für Migrationsrecht. Er hat noch eine andere Erklärung: »In den Botschaften fühlen sie sich wie Halbgötter im Elfenbeinturm.« Von den Halbgöttern in Weiß habe ich gehört, und im Elfenbeinturm, dachte ich, sitzen die Professoren. Aber ich glaube, ich verstehe, was er meint: Die Botschaften, in Afrika und anderswo, machen, was sie wollen. Meine Frau hat dem Anwalt eine Vollmacht erteilt, und wir klagen. Die Klage geht zum Verwaltungsgericht in Berlin. Es ist eine »Untätigkeitsklage«, und warum sie so heißt, liegt auf der Hand: weil nichts passiert. Wochen vergehen, bis Post vom Anwalt kommt. Ich rufe meine Frau an, um zu fragen, ob es okay ist, wenn ich den Umschlag öffne, denn adressiert ist die Sendung an sie. Es ist ein Schreiben des Gerichts, und als ich es durchgehe, wird mir klar, nur die Kostennote. Unterschrieben von Gluck. Nicht Herr oder Frau Gluck. Einfach nur Gluck. Der Anwalt meiner Frau beantragt Akteneinsicht, aber es wird Oktober, bis ihm der Vorgang vorliegt. Er ist verärgert, man hört es am Telefon. In jedem Kästchen ist ein Haken. Man wird meiner Frau das Visum erteilen, nur hat man es einfach noch nicht getan.

## *IV.*

An Allerheiligen, einem Donnerstag, wird bekannt, dass der deutsche Astronaut Alexander Gerst, seine Kollegin Serena aus den

2 Bridget Anderson, *Immigration and the Worker Citizen*. In: Dies. / Vanessa Hughes (Hrsg.), *Citizenship and its Others*. Basingstoke: Macmillan 2015.

3 Miriam Gutekunst, *Grenzüberschreitungen. Migration, Heirat und staatliche Regulierung im europäischen Grenzregime: eine Ethnographie*. Bielefeld: transcript 2018.

USA und sein Kollege Sergej aus Russland noch vor Weihnachten von der Internationalen Raumstation ISS auf die Erde werden zurückkehren können. Der Rückflug war verschoben worden, weil eine Sojus-Rakete wegen eines defekten Sensors in Kasachstan hatte notlanden müssen. Das Problem ist gelöst, und »Astro Alex« kann zurück.

Wie viel komplexer als ein Weltraumflug kann die Erteilung eines Visums sein, frage ich mich. Es ist zwei Wochen her, dass man im Ausländeramt die Kopie meines Personalausweises erbeten hat. Noch am selben Tag habe ich sie geschickt, als Scan im Anhang einer Mail, aber dann nichts mehr gehört. Ans Telefon geht niemand, auch nicht in den Kernarbeitszeiten, also fahre ich hin. Das Amt hat seit Kurzem einen Neubau bezogen, den man »das Weiße Haus« nennt. Ich ziehe eine Wartemarke. Das Büro, das zu der Wartemarke gehört, ist so groß, dass jedes gesprochene Wort nachhallt. Schneller ginge es, wenn nicht geklagt würde, sagt die Sachbearbeiterin. Dann hätte man mehr Zeit, um sich auf die Arbeit zu konzentrieren. Aber wenn die Arbeit nicht gemacht wird, bleibt doch nur die Klage, entgegne ich. Wir werden uns nicht einig.

Der Anwalt rät, den Unmut nicht zu schlucken, sondern mit der Hierarchie der Stadt zu teilen. Ich schreibe der Oberbürgermeisterin, dem Stadtdirektor und dem Leiter des Ausländeramts, Einschreiben Rückschein. Nichts passiert, nicht in Deutschland. Am 23. November, einem Freitag, um 19 Uhr Ortszeit, kentert auf dem See, an dessen Ufer ich mit meiner Frau Tilapia gegessen habe, ein Boot. Es hat ein Leck und ist überladen. Binnen weniger Minuten geht es unter. Von den über hundert Partygästen an Bord können sich siebenundzwanzig ans Ufer retten oder werden von Fischern aus dem Wasser gezogen. Unter denen, die es nicht geschafft haben, ist ein Freund meiner Frau. Wenige Tage später wird sie mir ein Foto schicken. Es zeigt sie zusammen mit zwei Freundinnen auf dem Weg zu dem kleinen Ort in den Bergen, in dem die Beerdigung stattfindet. Es ist Kraft in den Gesichtern dieser Frauen und Entschlossenheit. Ich leite das Foto dem Leiter des Ausländeramts weiter. Ich schreibe ihm, dass Dinge in der Frist zu regeln nicht immer wichtig ist, aber manchmal schon. Ich schreibe ihm auch, dass meine Frau nicht schwimmen kann und deshalb nein gesagt hat, als ihre Freunde sie fragten, ob sie mit auf den See hinausfahren will. Hätte sie mich nach meiner Meinung gefragt, hätte ich ihr gesagt, sie solle sich die Bootstour nicht entgehen lassen. Auch das schreibe ich ihm. Eine Antwort erhalte ich nicht.

## *V.*

Die Londoner Anwaltskanzlei Henley & Partners gibt jedes Jahr eine Rangliste der Pässe von hundert Ländern heraus. Je mehr Reiseziele sich mit einem Pass visumfrei bereisen lassen, desto weiter oben landet der Pass im Ranking.[4] Im Jahr unserer Heirat steht Deutschland nach Japan und Singapur auf dem dritten Platz, teilt sich die Bronzemedaille mit Frankreich und Südkorea. Das Land meiner Frau liegt abgeschlagen im letzten Drittel.[5]

4 Wie man munkelt, dient das Ranking als Investitionshilfe für Menschen, die sich in die Staatsbürgerschaft eines anderen Landes einkaufen wollen.

5 Im Jahr 2025 belegt Deutschland weiterhin den dritten Platz: Visumfreiheit für 189 Reiseziele

Als ich mit meiner Frau über Skype spreche und ihr berichte, dass es vielleicht klappt mit einem Wiedersehen zu Weihnachten, bleibt es in der Leitung stumm. Da wäre nur eine Sache, sage ich in die Stille, wir müssten die Klage zurücknehmen.[6] Meine Frau nimmt sich Zeit für eine Antwort. Sie hat in der ganzen Angelegenheit keine Empfindungen mehr, sagt sie schließlich, weder Wut noch Enttäuschung oder Trauer. Sie schaut dem Gang des Verfahrens nur noch zu wie etwas, das sie nicht betrifft.

Dann redet sie von Dingen, über die ich in einem Ranking noch nie gelesen habe. Deutschland genieße in ihrem Teil der Welt keinen guten Ruf, lässt sie mich wissen. Sie habe immer etwas zu seiner Verteidigung vorgebracht, aber irgendwann damit aufgehört. Und sie habe niemandem erzählt, dass wir klagen. Oder genauer, dass sie klagt, denn sie ist Klägerin, die Bundesrepublik Deutschland Beklagte. Meine Frau gegen ein ganzes Land. Sie sagt, sie ist verheiratet mit einem Deutschen, aber sie schämt sich für mein Land.

Am Nachmittag steige ich auf einen Hügel im Park meiner Kindheit, errichtet vor achtzig Jahren mit dem Schutt der Häuser, die, getroffen von zentnerschweren Fliegerbomben, die Bewohner unter sich begruben, das Ende eines deutschen Angriffskriegs. Auf dem »Pilzberg«, von dem uns gesagt wurde, dass er so heißt, weil man auf der Spitze einen Regenunterstand in Form eines Pilzes gebaut hat, sind wir als Kinder Schlitten gefahren. Den Schlitten habe ich längst auf dem Flohmarkt verkauft, und Schnee gibt es in meiner Stadt auch nicht mehr. Vor dem letzten Heimspiel, das ich mit meiner Frau zusammen im Stadion meiner Stadt gesehen habe, ein Derby, das unentschieden ausging, hat sie die Vereinshymne im Internet abgespielt und sich am Text versucht. Da werden alle Stadtteile aufgezählt, die nach etwas klingen, Esch, Pesch und Kalk. Um Treue und Ehre geht es und darum, dass man immer nur zu diesem einen Verein hält, ob er nun gewinnt oder verliert.

Überall gibt es Fans, über Ozeane hinweg, auf der anderen Seite der Alpen, jenseits der Stadtgrenze, in Rio, Rom und Habbelrath. Und jetzt auch in Afrika. Durch dick und durch dünn, ganz egal wohin. Ich schaue hinunter auf das Viertel, in dem die Genossenschaft, deren Mitglied ich bin, meiner Frau und mir eine Wohnung geben wird. Nur diesmal ist es leider wieder nichts geworden. Man nennt uns keine Gründe, aber solange meine Frau nicht da ist, haben wir ja auch keine Not. Es ist ein warmer Tag, die Sonne scheint, und in all der Zeit des Wartens ist es das einzige Mal, dass ich weine.

mit dem deutschen Pass, mit dem meiner Frau nur für 67 (www.henleyglobal.com/passport-index).

6 Die ARD-Sendung *Kontraste* wird später von der Praxis des »Berliner Vergleichs« berichten: Visum gegen Klagerücknahme und Übernahme der Kosten, sonst kann man auf eine Entscheidung bis zur mündlichen Verhandlung warten, nach Lage der Dinge gerne mal ein Jahr. Vgl. auch Vera Deleja-Hotko / Stefan Wehrmeyer, *»Berliner Erpressung«. Die Visa-Strategie des Auswärtigen Amts.* In: *FragDenStaat* vom 14. Oktober 2021 (fragdenstaat.de/artikel/exklusiv/2021/10/berliner-erpressung-familiennachzug/).

## *Mokkadrift*

*Von David Wagner*

*4. Juli 2022*

*hineingefallen*: Bevor ich das Oldenburger Hotel verlasse, bemerke ich eine nostalgische Kühltruhe neben der zur Seite gleitenden Tür. Nehmen sie sich doch ein Eis, fordert die Frau an der Rezeption mich auf, bei der ich eben erst eingecheckt habe. In der Truhe liegen die meiner Alterskohorte wohlbekannten Eis-am-Stil-Klassiker Domino, Capri und Cuja Mara Split. Ich nehme ein Cuja Mara und denke daran, wie oft ich am Freibadkiosk oder im Tante-Emma-Laden nicht weit von meiner Grundschule die Groschen abgezählt habe. Heute bekomme ich dieses Eis vermeintlich geschenkt – und bin schon hineingefallen, der Trick hat funktioniert, ich mag das Hotel am Waffenplatz noch ein bisschen mehr.

*gesehen:* Dem Hotel gegenüber liegt ein großes Klavier- und ein noch größeres Parkhaus, Letzteres muss aus den späten fünfziger oder frühen sechziger Jahren stammen. Es handelt sich um einen luftigen Skelettbau, offen und einsehbar, leider wurde der Sicht- und Spannbeton irgendwann bunt bemalt; jede Etage hat nun eine andere Farbe, das streng funktionalistische Gebäude sieht nun wie ein Papageien- oder Kindergartenparkhaus aus. Zwischen den systemgastronomischen Einrichtungen am Platze (»Sausalitos«, »Peter Pane«) sprudeln (wie neuerdings auf so vielen Stadtplätzen in Deutschland) Bodenfontänen aus dem Pflaster, wirkungsvoll und praktisch, weil keine unverrückbaren Brunnenbauten einer kommerziellen Nutzung der vollversiegelten Fläche im Weg stehen.

*geschaut*: Weil ich nicht zu Mittag gegessen habe, esse ich nach dem Eis eine Miniportion Belgischer Pommes Frites. Sitze in einem Imbiss, sitze am Fenster, schaue auf eine stark frequentierte Fußgängerzonenkreuzung, und mir kommt der Gedanke, dass Oldenburg mit der Basarstadt ein frühes Fußgängerreservat errichtet haben könnte – impliziert der Begriff *Fußgängerzone* nicht, dass Fußgehende außerhalb des ihnen zugewiesenen Schutzgebiets nichts verloren haben?

*mitgehört:* »Onken hat vieles, manches hat nur Onken«, lautet der Werbespruch des alteingesessenen Oldenburger Schreibwarengeschäfts, in dem ich Ansichtskarten kaufe. Auf einer von ihnen steht zwischen den abgebildeten Sehenswürdigkeiten »Kulturmetropole Kulturstadt Oldenburg«. Während ich anstehe, um zu bezahlen, höre ich, wie die Kundin vor mir der Frau an der Kasse von ihrer Chemotherapie erzählt. Das nächste Mal komme ich dann ohne Haare, sagt sie. Hauptsache, dein Kopf bleibt dran, antwortet die Kassiererin, ich möchte dich wiedersehen.

*gelacht*: Auf der nicht so belebten Rückseite der Lambertikirche sitzt ein junges Punkmädchen mit rotgefärbtem Iro auf dem Boden. Sie trägt große weiße Kopfhörer, lehnt mit dem Rücken an der Außenwand der Kirche und liest, ich muss lachen, Christiane F., *Wir Kinder vom Bahnhof Zoo*. Und dann frage ich mich, ob die junge Frau vielleicht vom Oldenburger Kulturmetropolen-Stadtmarketing dort hingesetzt wurde und ein Honorar kassiert für ihr performatives Lesen in der Öffentlichkeit.

*gegessen*: Ein Sticker auf der Speisekarte des »Mamma Mia« behauptet, hier gebe es die beste Pizza Oldenburgs, die Fernsehsendung irgendeines Privatsenders will das festgestellt haben. Das Restaurant, es sind tatsächlich Italiener, die es führen, ist gut gefüllt; die Terrasse zum Marktplatz und zum Chor der Lambertikirche hin ist ebenfalls voll besetzt, die bodentiefen Fenster wurden geöffnet, auch drinnen frische Luft, die Pandemie ist nicht vorbei. Meine Tischnachbarin erzählt von einem aus Oldenburg stammenden Großgastronomen, dem nicht nur die beiden Lokale gegenüber – eines heißt »Bar Celona«, ein anderes »MA« –, sondern auch die Kette »Café Extrablatt« gehöre. Sie ist mir bekannt, weil ich mangels Alternative schon in einigen westdeutschen Klein- und Mittelzentren gezwungen war, mich dort systemgastronomisch verwöhnen zu lassen, auf Lesereise in Lüdinghausen oder Neustadt an der Weinstraße zum Beispiel. Der erfolgreiche Großgastronom sei auch schriftstellerisch tätig, erfahre ich, er habe ein nicht uninteressantes Buch über seinen Aufstieg vom, nun ja, Tellerwäscher zum Multimillionär geschrieben. Klaus Modick sitzt mit am Tisch, und weil ich weiß, dass er vor langer, langer Zeit den Eisnamen »Ed von Schleck« erfunden hat, erzähle ich ihm von der nostalgischen Kühltruhe in der Lobby des Hotel Altera.

*5. Juli 2022*

*hineingeraten*: Zweimal überqueren Eichhörnchen vor mir die Straße, mitten in Oldenburg. Ich muss in die Eichhörnchenzone geraten sein.

*betrachtet*: Im Oldenburger Landesmuseum bewundere ich das antike Barberini-Mosaik, das den Raub der Europa zeigt, und die einmal über vier Meter lange Haarmähne eines 1633 geborenen Barockpferdes namens Kranich, einst das Lieblingspferd des Grafen Anton Günther. Kaum andere Besucher in den weiten Sälen, in denen es einmal eine hochkarätige Gemäldesammlung gegeben haben soll, welche die beleidigten Nachfahren des abgesetzten Großherzogs in den zwanziger Jahren des letzten Jahrhunderts leider unrechtmäßig verkauften; Wagenladungen hochwertiger Bilder sollen über die Niederlande in den internationalen Kunsthandel gelangt sein. Etliche Tischbeins – Goethe-Tischbein Johann Heinrich Wilhelm war Hofmaler in Oldenburg – sind geblieben. Aus einem der Fenster im zweiten Stock, schöne Aussicht, bietet sich ein amüsantes *tableau vivant*: Drei Mädchen mit prall gefüllten New-Yorker-Tüten stehen auf dem Schlossplatz – nicht mit Stoffbeuteln der amerikanischen Zeitschrift, die Kulturangeber so gern zu Berliner Kulturveranstaltungen tragen, sondern mit Plastiktüten des Billo-Kleidergeschäfts, das eine Filiale in der Shopping Mall gegenüber betreibt, die anstelle der nach dem Krieg abgerissenen klassizistischen Randbebauung errichtet wurde. Die drei Grazien vom Lande veranstalten eine Modenschau mit gerade erworbenen Tops, jeweils eine von ihnen hüpft auf den schmalen, leicht erhöhten Grünstreifen vor der Schlossfassade und posiert, das Mäuerchen ist ihr Laufsteg, die beiden anderen Rubensschönheiten filmen mit ihren Handys.

*gefahren*: Schiebe den Rollkoffer samt Reisetasche vom Hotel zur nahegelegenen Autovermietung und starte von dort – lese vorher zur Auffrischung ein wenig in der Gebrauchsanleitung des grausilberfarbenen Opel Mokka – in Richtung Cloppenburg, meiner nächsten Station. Höre Deutschlandfunk, komme auf die Autobahn, der Himmel ist hoch und blau und mit großen weißen Wolken betupft, das Land ist tiefgrün, die Felder gelb – und nur die Windräder und das breite Betonband Autobahn, heute ohne viel Verkehr, erinnern daran, dass ich mich nicht in der Ukraine befinde, an die ich dauernd denke, weil ich jeden Tag unzählige Videoclips von den Kämpfen dort sehe. Nun sehe ich die Ukraine überall.

*festgestellt*: Im Eingangsbereich des Münsterländer Hofs steht eine Vitrine mit etlichen Autogrammkarten von Schlagersängerinnen und Schauspielern, die ebenfalls in diesem Hotel übernachtet haben. Ich stelle fest, dass ich niemanden kenne, nicht mal dem Namen nach. Macht nichts, denke ich, mich kennt auch keiner, und ich werde auch nicht gefragt, ob ich eine Autogrammkarte dalassen möchte.

*gekauft*: Gegen sieben, es ist noch hell, aber nicht mehr heiß, versuche ich, Cloppenburg zu finden. Ich überquere einen größeren Verkehrskreisel, mehrere Parkplätze und komme in den Stadtpark, in dem ich die freigelegten Fundamente der Cloppenburg sehe, einer Burg, die im frühen 19. Jahrhundert abgerissen wurde, als die Stadt samt des nördlichen Münsterlands an Oldenburg fiel. Die Katholiken kamen zum protestantischen Herzogtum Oldenburg, und Oldenburg wurde Großherzogtum – all das habe ich heute Vormittag im Oldenburgischen Landesmuseum gelernt. Nicht weit von den Fundamentresten beginnt eine schnurgerade, eher verlassen daliegende Einkaufsstraße mit niedrigen Häusern zu beiden Seiten, die Fußgängerzone von Cloppenburg. Fußgänger sind wenige zu sehen, nur einige Kinder toben in und um den großen Sandkasten des vor dem örtlichen Sparkassen-Schloss angelegten Spielplatzes. Ein Drogeriemarkt hat noch geöffnet, mehr aus Langeweile gehe ich hinein und kaufe Einwegrasierer, Mundspülöl und kandierte Ingwerstäbchen.

*gelesen*: Im Schaufenster eines Schuhdiscounters lese ich den Ortsnamen »Cloppenburg« zwischen »Warschau« und »Bukarest« – nein, halt, »Warszsawa« und »Bucuresti« heißt es dort, worüber ich mich fast ein wenig wundere. (Sehe das gleiche Arrangement später auch in Wilhelmshaven, Cloppenburg wird in der dortigen Aufzählung bedeutender Schuhdiscounter-Standorte allerdings nicht erwähnt.)

*gegessen*: Im Hotelrestaurant serviert ein sehr freundlicher und zuvorkommender Kellner. Er ist Grieche, wie er mir verrät, trägt eine Küfner-Lederschürze und arbeitet seit zwei Jahren in Deutschland. An einem Nachbartisch unterhalten sich drei Männer um die vierzig über Schiffe in Bremerhaven, gegenüber gibt es eine kleine Familienzusammenkunft, Großeltern, Eltern und zwei Söhne beziehungsweise Enkel sitzen beieinander. Die beiden Jungs sind etwa achtzehn und neunzehn, picklig und stecken in Hugo-Jogginghosen, die um die zweihundertfünfzig Euro kosten. Einmal versuchen sie sich an den Namen eines ihrer Au-pair-Mädchen zu erinnern, an eine junge Frau mit langen blonden Haaren. Der eine Sohn hat schon ein Schuljahr in Amerika verbracht und dort American Football gespielt, die Regeln allerdings, wie er zugibt, bis heute nicht verstanden. Der andere sollte für einen College-Besuch in den USA angeben, ob er mit LGBQ-Personen zusammenwohnen würde. Die Mutter, ungefähr mein Alter, zahlt die Rechnung mit Karte. Als sie aufstehen, spricht der Großvater von seiner Bundeswehrzeit bei der Luftwaffe, der Schwiegersohn war bei der Bodentruppe, es fällt der Spruch: Kein Mensch, kein Tier, ein Panzergrenadier.

*6. Juli 2022*

*erfahren*: Um kurz nach sechs sehe ich vier Nachrichten von Verkin auf meinem Telefon, sie schreibt aus Istanbul, dass ein turkmenisches Pärchen, beide studieren Medizin in Charkiw, heute früh mit dem Zug aus der Ukraine in Berlin ankommt. Sie bitten mich, meine Adresse und meinen Namen als Bezugsperson angeben zu dürfen, dann könnten sie in Berlin bleiben und würden nicht in die Provinz verschickt. Die Mutter der jungen Frau arbeitet für Verkin; in Istanbul leben und arbeiten nicht wenige Turkmenen, Türkisch zu sprechen ist für sie leicht.

*gefunden*: Rolle gegen Mittag aus Cloppenburg heraus und bemerke, dass die Stadt an ihrer Peripherie nur aus Neubauten der letzten zwanzig Jahre besteht, Cloppenburg scheint keine schrumpfende Stadt zu sein, im Gegenteil. Ich erinnere mich, vor Jahren etwas über die hohe Geburtenrate in dieser Gegend gelesen zu haben, zeitweilig soll es die höchste in Deutschland gewesen sein – habe ich deshalb so viele Kinder gesehen? Später finde ich den *Spiegel*-Artikel von 2011, der von Cloppenburg als tatsächlicher Geburtenhochburg berichtet – im Gegensatz zum vermeintlichen Baby-Trendbezirk »Pregnancy Hill« Berlin-Prenzlauer Berg, der damals in aller Munde war.

*erfreut*: An einer begrünten Ausfallstraße steht ein älterer hoher Siloturm mit einem ausgeblichenen Pfanni-Logo, gegenüber, jetzt bin ich begeistert, sehe ich eine unverputzte Rohbauvilla mit Säulenportikus. Ich halte an und steige aus, um Andrea Palladios Nachwirken in Cloppenburg aus der Nähe zu betrachten. Es sind sogar drei bizarre Gebäude, zwei Villenrohlinge sowie ein Industriebau mit Säulen und fragmentarischer Verblendung aus verschiedenen Baumarktnatursteinen, in Letzterem befindet sich eine Carglass-Werkstatt. Neugierig betrete ich das Büro und frage nach den wohlproportionierten Rohbauten nebenan, die mir so gut gefallen. Ein großer, bärtiger Mann, Türke oder türkischer Abstammung, sagt, er sei nur Mieter hier, und ja, die Häuser seien seit über zehn Jahren nicht fertig, er wisse nicht mehr – vielleicht mag er auch nur nicht mehr sagen.

*gewandelt*: Dreißig Kilometer weiter halte ich an einer Wassermühle und wandele durch einen Hain zum »Visbeker Bräutigam«, dem Kölner Dom der Trichterbecherkultur, einer der größten Grabanlagen der jüngeren Steinzeit, errichtet vor ungefähr fünftausend Jahren. Der Bräutigam ist mit seiner Umfassung, dem sogenannten Hünenbett, über hundert Meter lang und acht bis neun Meter breit, mehr als hundert Umfassungssteine stehen heute noch, und ich frage mich, wie dieses gigantische Bauwerk samt des nahen Großen und Kleinen Brautwagen errichtet wurde, da gerät der eben noch gleichmäßig vorbeirauschende Verkehr auf der in nur vierzig Meter Entfernung verlaufenden Autobahn Bremen – Osnabrück, einer Kathedrale der Gegenwart, ins Stocken.

*bestaunt*: Über schmale Straßen und grünen Forst finde ich zum Pestruper Gräberfeld. Über fünfhundert bronzezeitliche Grabhügel liegen in offener Heidelandschaft; Grabhügel, die viel jünger sind als die eben besuchten Hünengräber der Steinzeit. Als um Pestrup herum begraben wurde, hauptsächlich Feuerbestattungen wurden durchgeführt, waren der Visbeker Bräutigam und sein Großer und Kleiner Brautwagen bereits zweitausend Jahre alt. Die Pestruper Totengräber dürften ihn nicht weniger bestaunt haben als ich eben.

*telefoniert*: Als ich auf einem der etwa fünfhundert Grabhügel stehe, klingelt mein Telefon, die Turkmenen rufen an. Es ist schwer, sich zu verständigen, ich spreche kein Turkmenisch, kein Ukrainisch und nur wenige Worte Türkisch, sie nur sehr wenig Englisch. Sie fragen, ob ich von einer Übernachtungsmöglichkeit wisse, alle Notunterkünfte seien überfüllt. Ich telefoniere ein bisschen herum, bemühe booking.com und buche ihnen ein Zimmer für drei Nächte in einem Hostel an der Frankfurter Allee, es ist quasi das letzte, das zu haben war, Berlin ist ausgebucht. Den Toten der Bronzezeit unter mir müsste all das wie Zauberei mit Fernwirkung vorkommen.

*beschriftet*: Das City Hotel Delmenhorst ist leicht zu finden, der imposante Vorkriegs-Ziegelbau steht gleich gegenüber der unübersichtlichen Parkplatzanlage des Bahnhofs, die mit einem kleinen, leicht versteckt liegenden Holocaust-Mahnmal aufwartet, ich parke gleich davor. Auf der verspiegelten Stele sind die Namen einiger Konzentrations- und Vernichtungslager verzeichnet, dahinter jeweils, wie weit sie von Delmenhorst entfernt liegen. Nach Bergen-Belsen sind es nur sechzig Kilometer, nach Ausschwitz ist es etwas weiter. Ich wundere mich über die angegebenen sechshundertsechzig Kilometer bis Mauthausen an der Donau, ich bin einige Male dort gewesen, auch im KZ, bin die Todesstiege hinab- und wieder hinaufgestiegen und einmal mit dem Waffenrad meiner Großmutter von Linz nach Mauthausen gefahren, ich denke, es müssten um die tausend Kilometer sein – aber nein, ich befrage mein Telefon an Ort und Stelle vor dem beschrifteten Spiegel, Luftlinie sind es bloß sechshundertsechzig Kilometer.

*spaziert*: Ich streife durch Delmenhorst und bewundere das halbsachliche Rathaus mit seinem hohen Turm. Heinz Stoffregen hieß der Architekt dieses Ensembles von 1908, und es dauert, bis ich verstehe, dass der Turm auch als Wasserturm dient, wir befinden uns auf dem flachen Land. Im Stadtpark höre ich Baumkronen rauschen und Amseln zum Abend singen, ich betrete die kleine Insel, auf der einmal eine Burg gestanden haben soll, aber wie in Cloppenburg ist von ihr wenig übrig, nur einige Fundamentreste sind zu sehen, die Dänen sollen die Trutz zu Beginn des 18. Jahrhunderts abgerissen und die Steine als Baumaterial verkauft haben. In der Delmenhorster Fußgängerzone fasziniert die leere, aber noch stehende Kaufhausruine mit hängender Sichtbetonfassade. Es war einmal ein Hertie – heute wirkt das Gebäude wie ein von Christo verhüllter Kasten, nur wurde kein silberfarbener oder gelber Stoff als Verpackungsmaterial verwendet, sondern schlichter, scheinbar im Fließen erstarrter Beton, der wie ein gefrorener Wasserfall von der Fassade stürzt.

*7. Juli 2022*

*fotografiert*: Ich verlasse das City Hotel gegen Mittag, verstaue mein Gepäck im Auto und spaziere Richtung Nordwolle, dem großen Delmenhorster Gründerzeit-Industriekomplex, der vor Jahren in ein Wohn- und Arbeitsquartier umgewandelt wurde – begeistere mich auf dem Weg dorthin aber mehr für brutalistische Bauten, auf die ich eher zufällig stoße. Ein Bürogebäude ist an einer Stelle der Fassade mit einer geheimnisvollen Betonplatte verziert, sie steht mit Abstand vor einem Fenster. Anscheinend handelt es sich um ein dekoratives Element, denn eine Funktion – Sonnenschutz? Splitterschutz? – kann ich nicht ausmachen. Ich fotografiere die vermeintliche Kunst am Bau, die leerstehende Diskothek »Miami« und einen anscheinend für immer geschlossenen russischen Delikatessenladen.[1]

*gekauft*: Steuere Mokka auf die Autobahn und fahre bald wieder ab, um mir Hude anzusehen. Es regnet, hört auf und regnet wieder, die automatischen Scheibenwischer nerven. In Hude stehen viele Bäume und viele Häuser unter hohen Bäumen, ab und zu auch ein Discounter oder ein Fachgeschäft mit Parkplatz. Ich halte an der eingezäunten Zisterzienserkloster-Ruine, die sich heute nicht besichtigen lässt. Kein Mensch ist zu sehen, nur vor der Klosterschänke parken einige Autos. Ich fahre weiter nach Norden, bald auf einer nicht perfekt asphaltierten Kreisstraße – Deutschland, was ist los, geht es zu Ende? In Stadland, Ortsteil Seefeld, angekommen, halte ich »beim Raiffeisen«, wie es in Österreich heißen würde, und wie in Österreich gibt es beim hiesigen Raiffeisen Arbeitskleider, Werkzeuge, Eis, Getränke und Trecker-Modelle von Siku zu kaufen. Verlasse das Geschäft, das auf mich wie ein kleiner Landmaschinenbaumarkt wirkt, mit zwei Flaschen Wasser und einer Flasche Sanddornlimonade.

*gefahren*: Es ist halb neun und noch taghell, ich unternehme eine kleine Spazierfahrt. Frage mich, ob ein Bier schon für 0,5 Promille reichen könnte, wahrscheinlich nicht. Fahre trotzdem vorsichtig, obgleich ich nicht allzu sehr auf andere Verkehrsteilnehmer achten muss, mir begegnet nur ein einziges anderes Gefährt, ein Cabriolet, das zwei lange Bretter transportiert, die hoch über das offene Auto hinausragen. Ich halte am Deich, steige die angsteinflößend lange und steile Betontreppe hinauf, Schafe grasen am Hang, beachten mich nicht – und dann sehe ich den Jadebusen, den berühmten Busen, der, wenn während langweiliger Erdkundestunden im Schulatlas gefunden, unter uns Unterstufenschülern für solche Erheiterung sorgte.

*gepostet*: Bearbeite Fotos der Pseudo-Palladio-Villen in Cloppenburg und der Her-

1 https://www.instagram.com/p/Cfv42R7LMi1/?img_index=1

tie-Ruine in Delmenhorst. Vielleicht fotografiere ich bald nur noch, dann muss ich nicht mehr schreiben.[2]

*8. Juli 2022*

*gelesen*: Der Wikipedia-Artikel über den Jadebusen hat mir verraten, dass Seefeld Seefeld heißt, weil hier einst Meer war, also See. Wo ich stehe, war ursprünglich kein Land. Das Meer könnte jederzeit zurückkommen, die Grote Mandrenke, die Große Manntränke während der Zweiten Marcellusflut von 1362, könnte sich wiederholen. Ich fürchte mich ein bisschen.

*gekauft*: Weil ich so viel aufschreibe dieser Tage, frage ich mich: Unternehme ich all das nur, um es anschließend zu beschreiben? Fahre ich deshalb spazieren, fahre ich deshalb zig Kilometer, um Kartoffeln zu kaufen? Gegen fünf zum Seefelder Dorfladen, den es seit über hundertzwanzig Jahren gibt, wie der sympathische Mann mit Bart hinter dem Backtresen mir erzählt. Er führe ihn seit vier Jahren, allerdings habe EDEKA, die Einkaufsgenossenschaft der Kaufleute, ihm am ersten Tag nach der Übernahme gekündigt, zu wenig Umsatz, hieß es. Ich suche Kartoffeln, leider gibt es nur einige alte, verschrumpelte, er sagt: Nehmen Sie die einfach, die kann ich sowieso nicht mehr verkaufen. Über den spärlich bestückten Regalen hängen Reproduktionen alter Fotos, sie zeigen Gebäude und Laden im Lauf der Jahrzehnte. Der Betreiber, selbst Fotograf, spricht mit leichtem Akzent, ich frage ihn jedoch nicht nach seiner Herkunft, selbstverständlich nicht, selbst möchte ich das, wie Lohengrin, ja auch nie gefragt werden. Heute gebe es im Dorf keine Bank und keine Kneipe mehr, sagt der Mann, es sei schwierig, alle führen immer fort mit ihren Autos. Ich kaufe Quark, Mozzarella, Brot, Käse von einem benachbarten Biohof und die letzte Zeitung.

*gefahren*: Das Licht ist so schön über den schmalen Straßen, ab und an stehen Bäume neben der Fahrbahn, Kühe sind zu sehen, und es geht über Gräben, die das Land wie offene Blutgefäße durchziehen. Ich überquere den Mitteldeich, hier irgendwo floss die Ahne, der Weserarm, der in den damals noch nicht existierenden Jadebusen strömte, ich fahre über angehobenen Meeresboden, *Faust II* und seine nie richtig verstandene Landgewinnungserzählung fallen mir ein, mir ist ein wenig unheimlich zumute, im Spätnachmittagslicht aber, sechs Uhr, und es ist taghell und klar, und das Grün leuchtet so satt, finde ich das neugewonnene Land nun doch zauberhaft. Und wie von Geisterhand geschoben bewegt mein Auto sich über den Asphalt, ich fühle mich mächtig, weil der Wagen meinem rechten Fuß gehorcht, ich muss nur zwischen Gaspedal und Bremse wechseln, es ist so brav, dieses Gefährt, diese Maschine, diese Vollprothese – und für den Moment vergesse ich, was für ein Schwachsinn es ist, diese anderthalb Tonnen wiegende Zurüstung durch diese Wiesen zu beschleunigen, nur um einige Kilometer weiter nördlich vom Deich auf die Unterweser und die Kräne von Bremerhaven zu schauen. Es fällt mir aber wieder ein, meine Stimmung kippt, und ich ärgere mich, dass ich mich habe verführen lassen,

2 www.instagram.com/p/CfpjDrzDGVK/; www.instagram.com/p/Cfswj12DQrl/?img_index=1; www.instagram.com/p/CftAR1trZxH/?img_index=2

in diesem Monstrum zu sitzen, ich weiß, dass es falsch ist, und weiß, dass es nicht so weitergehen kann und nicht mehr lange so weitergehen wird, die Autokultur, wie wir sie kennen, wird zu Ende gehen, und wenn es uns oder unsere Kindeskinder noch geben wird, werden sie wahrscheinlich mit Staunen auf unsere zerstörerische Rücksichtslosigkeit und Beschränktheit zurückblicken, sie werden uns bemitleiden für die Auto-Armseligkeit, an der ich teilhabe und teilnehme, ich sitze im Auto, ich gebe Gas und bremse gleich wieder ab.

*gegrüßt*: Auf einem gebührenpflichtigen Parkplatz erwerbe ich einen Parkschein, der mir eine Stunde am Meer gewährt, ich darf bis 19:22 Uhr bleiben, Parkzeit ist Lebenszeit ohne Auto. Ich steige wieder zur Deichkrone hinauf, blicke über die Unterweser, Wind weht, ich sehe Strandkörbe und Kinder und Elternteile, die in Funktionsjacken durch den Wattschlamm stapfen, ich sehe einen Camping- und Wohnmobilabstellplatz und denke, an dieser unwirtlichen Ecke Urlaub zu machen, auf die Idee können auch nur Deutsche kommen. Mir fällt ein, dass meine Mutter die Nordsee mochte, als Kind bin ich auf Langeoog, Spiekeroog und Wangerooge gewesen, später nie wieder. Ein Kaninchen hoppelt vorbei, ein radfahrender Junge grüßt – wie überhaupt fast alle immer freundlich grüßen, ich grüße zurück, bringe es jedoch nicht fertig, auf *Moin* mit *Moin* zu antworten, es käme mir wie Anbiederung vor. Zurück auf dem Parkplatz bleibe ich eine Viertelstunde bei offener Tür im Auto sitzen, schließlich habe ich bis 19:22 Uhr bezahlt.

*gelesen*: Die Turkmenen schreiben, erstaunliche Entwicklung: In dem Hostel, in dem ich sie für drei Tage eingebucht hatte, wurden ihnen Jobs angeboten, sie dürfen dort wohnen bleiben und können Geld verdienen. Der Geschäftsführer ist Türke, und sie sprechen ja Türkisch.

## *Falsch-falsch-falsch*

*Von Anke Stelling*

Also ich weiß nicht.

Im Rewe-Radio kam gestern früh, dass ich mit ihm den Samstag genießen soll. Darf. Muss. Nein, stimmt nicht, Rewe-Radio ist schlauer als ich, hat viel früher schon begriffen, dass der Gebrauch von Modalverben zu vermeiden ist; ich bin's, die hier in der Nacherzählung schon wieder damit anfängt, rumstottert, unbedingt eine Art und Weise verbinden will mit den Tu-Wörtern; bei Rewe hieß es gestern einfach nur: »Mit Rewe-Radio den Samstag genießen.« Ob ich das will, darf oder muss – kann überhaupt –, das bleibt mir überlassen. Ich hab' vier Becher Schlagsahne gekauft. Für die Schwarzwälder Kirschtorte, eine Tochter hatte Geburtstag und ist nicht mehr vegan. Isst nicht mehr vegan – ich gender' nicht nur nicht mehr, ich hab' auch mit der Identitätspolitik aufgehört, weil ich nicht schuld sein will am weltweiten Aufstieg der autoritären Rechten, ich denk' und tu' und sprech' jetzt wieder ganz normal, und meinem Lastenrad ist Gottseidank schon vor acht Jahren die Achse gebrochen, damit fährt auch niemand mehr bessermachend durch die Stadt.

Ich mag nicht kulturkämpfen.

Ich mag überhaupt nicht kämpfen, bin so müde und traurig und hab' Muskelkater, aber was soll eine Kolumne anderes, das kann sie doch gar nicht. Kolumnen sind Kulturkampf pur, und meine Schwester sagt außerdem, man kann sich nicht *nicht* verhalten, das sei ein weitverbreiteter Irrtum und eine weitverbreitete Sehnsucht, meine Schwester ist Verhaltenstherapeutin und kennt sich damit sehr gut aus. Wir telefonieren derzeit fast täglich. Weil wir die Beerdigung unseres Vaters organisieren – müssen wollen sollen – wer sonst, wir sind die Angehörigen, und es nicht zu tun, hieße, er würde von Amts wegen bestattet, behördenrechtlich, dann hätten wir aber eben das getan. Ihn behördenrechtlich bestatten lassen.

Dann wärt ihr alle mit im Boot mit euren Steuergeldern, ihr in Berlin zumindest. Beerdigungen sind Sache der Kommunen. In Berlin ist's allerdings unschlagbar günstig, da hat der Billigbestatter Berolina vor zehn Jahren die Ausschreibung für alle behördenrechtlichen Bestattungen gewonnen, sehr zum Unmut der Branche. https://www.sargdiscount.de. Wo bleibt die Würde.

*Würde* ist aber auch zum Kulturkampfbegriff geworden, ich werde über Würde nicht weiter nachdenken, nicht mehr öffentlich zumindest, wo ich hier schon wieder Familienmitglieder als Sidekicks verwende, hundertmal verkündet hab' ich die letzten elf Monate über, ich würde das nicht tun, weil ich's würdelos fände, so was nötig zu haben als Kolumnistin, aber was mach' ich, ich mach's trotzdem, lass' endgültig die Zügel schießen: Der Vater ist tot, die Schwester Therapeutin, die Tochter inkonsequent und der Ex-Mann so bemüht, sich nicht zu verhalten, dass es mich in den Wahnsinn treibt.

Es sei nicht der Klassiker, in dem wir uns befänden – er weg, die Kinder bei mir, er auf Selbstsuche, ich am Zu-Rewe-Rennen – es sei immer noch alles offen, erstens wolle er ja und könne nur nicht und zweitens sähe er die Situation auch ganz anders. Seine Unzufriedenheit mit eben dieser macht in seinen Augen schon den entscheidenden Unterschied, er muss gar nichts mehr machen, um sie zu modifizieren – kann er ja auch nicht –, und dann ist sie allein dadurch, dass er sie nicht will, auch schon eine ganz andere und ergo nicht mehr grundfalsch.

Das Schlimme ist, dass er mich mit solchen Reden auch noch beeindruckt. Ich direkt seine Position einnehme beim Zuhören, mitfühle, zu verstehen versuche, was er wohl meint. Ich kann nicht anders und denke auch immer weiter, dass es gut sei, Leuten zuzuhören und sie verstehen zu wollen, sie nicht als Schwurbler zu klassifizieren, schon gar nicht, wenn sie mit sanfter Stimme und doch eigentlich nur von sich selbst sprechen, ihrer Sicht, ihren Gefühlen.

»Aber die Fakten«, ist das Einzige, was ich als Schutzschild noch vor mich hinhalte, »du weg und ich da.« – »Ja ja.« Traurig.

Wer kann so was Trauriges auf Dauer ertragen, so was von Grund auf Falsches – woran er aber nichts ändern kann. Immerhin falsch finden, falsch-falsch-falsch, ich kann ihn wirklich sehr gut verstehen. Auch ich halte mich am Falschfinden fest. Im Falschfinden hab' ich Recht und fühl' mich auch schon gleich ein bisschen richtiger, mach' schön weiter und kann nichts machen, genieße den Samstag mit Rewe-Radio.

Immerhin ruft Björn zurück. Björn ist der gastronomische Gastgeber der Trauergesellschaft am Freitag, Björn findet Hackepeterbrötchen gut – wenn sie zwei Stunden stehen aber vielleicht doch ein Problem. Björn kann den Bäcker, mit dem er zusammenarbeitet, eher nicht überzeugen, was Veganes anzubieten, zwar sind sie Friedrichshainer, aber eben oberhalb der Karl-Marx-Allee.

»Alles klar«, sage ich, ich kenne meine Stadt und ihre unsichtbaren roten Linien, Björn und ich verstehen uns blind.

Ich fühle ihn.

Ich fühl' auch Johnny Lehmann, den blutjungen, ganzkörpergepiercten und tätowierten Bestatter, ich mag ihn, obwohl er für den windigen Woite arbeitet, den Sargdiscountkönig, der zur Strafe für seine Geschäftsmethoden aus der Innung ausgeschlossen wurde, aber doch, diesen Woite fühl' ich auch. Wenn ich nicht aufpasse, werd' ich aus Versehen noch Harald Juhnke singen lassen auf der Beerdigung: Wie er's halt verkackt hat, aber auf seine Art, also, was soll's.

Das Narrativ ist übermächtig.

Geiz ist geil, wir zeigen's denen da oben, und niemand sagt uns, was wir zu lassen haben, wir sind zwar echt verloren, aber keiner kriegt uns klein. Außerdem brauchen wir nichts und niemanden.

In meinem Leben werde ich's wohl nicht mehr schaffen, die automatische – wenn auch heimliche – Parteinahme zu dieser Haltung zu überwinden, auf meiner eigenen Seite zu stehen und die auch cooler zu finden, jene Seite des Daseins und Dableibens, Seite der quälenden Genauigkeit und anhaltenden Skrupel, der Seite vom Harald Juhnke seiner Frau, an der er jetzt beschämt vorbeisieht.

Ich hab' einfach zu viel Western mit meinem Vater geguckt.

Immerhin sind die Ameisen weg. Ohne dass ich Gift gestreut hätte, waren sie von heut auf morgen einfach verschwunden, also können die Biskuitböden auf der Arbeitsfläche unbehelligt auskühlen, und dann muss ich aber doch noch mal rasch runter zu Rewe, weil vier Becher Schlagsahne zu wenig sind, wenn auch noch Sahnetuffs die Torte zieren sollen, und ich sag' einfach *Wenn schon, denn schon*, sage *Mitgefangen, mitgehangen*, weil ich zwar mal angetreten war, hier neue Redensarten zu erfinden und zu etablieren – wer stirbt heute noch durch den Strick oder findet Trost in Kausalitäten –, aber ich schaff's nicht, die Alten sind stärker, ich bin ein Tradwife, stecke die Nase in die Tortenböden, binde die Kirschen mit Kartoffelmehl ab. *Tuff-tuff-tuff*, sagt die Sahne. *Piffpaff-bumm-bäng*, sagt mein armer, müder Kopf.

Demnächst:

Petra Gehring
Diamond Access

Dan Zimmer
Ein neuer politischer Kompass

Michel Steinfeld
Mit Tieren sprechen